道志洋博士のおもしろ数学再挑戦①

道志洋博士の
世界数学クイズ
&パズル&パラドクス

仲田紀夫

黎明書房

はじめに

　好評で版を重ねた『挑戦！　数学クイズ＆パズル＆パラドクス』を，今回書名を変え，装いも新たに「道志洋博士のおもしろ数学再挑戦シリーズ」の第1巻として出版することにした。
　本書の"パズル探訪"のガイドは『道　志洋数学博士』で，彼は「どうしよう？」という疑問について明快なヒントを提供してくれる，ユーモアのある，世界数学ルーツ探訪旅行をした博学の人物である。通称ドウショウ博士という。

1　"遊び心"と優越感

　自動車のハンドルやブレーキなどには，"遊び"というものがある。
　これによって，車が急激に曲ったりドンと止ったり，という危険をともなうことが防げて，ゆるやかに運転ができるようになっている。
　築城，治水の名将といわれた加藤清正は，洪水を防ぐ方法として，"遊び池"を造り，荒れ狂う川の流れをおさえる役をさせたという。
　人間もまた，ゆったりとした部分をもち，ストレスを発散したり，ためないようにする工夫が必要で，その1つとして心や頭の"遊び"は不可欠といえよう。その遊びには種々あるが，「知的遊び」の代表に『パズル』（ゲーム，クイズを含む）がある。
　そのパズルには，材料や方法など無限に近いほどの種類がある。
　材料としては，小石，小枝を始め，厚紙，布切れ，マッチ棒，碁石など，いくらでも身近に存在している。また，方法は，1人で楽しむものや2人，3人で競い合うものなどいろいろあろう。上手に解けたり，他人に勝ったりしたときの優越感もまた，格別なのである。

2　誰もがもつ「天の邪鬼心」

　さらに，他人との間での悪戯的なものに「天の邪鬼心」がある。

人を話題，話術でカラカウ，ヒッカケル，騙(だま)すなど，なかなか楽しいものである。これも程度によるが，人間関係の潤滑油になる。

　正式な『論理学』の誕生，確立は，古代ギリシア，古代中国（偶然，同じ紀元前6世紀から紀元前2世紀頃まで）であるが，いずれも後期に入ると『詭弁術(きべんじゅつ)』（パラドクス）が広がっていくのである。

　両者には，スポーツを例にとると，
　　　　　　 ⎰ 論理学──基礎，基本（正攻法）
　　　　　　 ⎱ 詭弁術──実戦試合（ズルやゴマカシの技も入れる法）
という違いがある。

　『パズル』（ゲーム，クイズを含む）の世界もまた同様で，『パズル』を1ひねり，2ひねりしたもの，つまり，『パラドクス』が存在する。これに挑戦し，見事に征服し得たとき，「本当の実力がついた」ということができるのである。

3　「パズル探訪」世界巡り

　人間が文化をもった5000年も前から，人々はパズルで楽しんでいたといわれている。

　このパズルは，時代，地域，民族，国家，社会などによって，いろいろな特徴をもったものが工夫され，それらがそのまま伝承されたり，改良されたり，新しい創作が加わったりなどして現代に至っている。

　パズルを創案している数々の要因の中でも，とりわけ民族との関係に深いものがあり，世界巡りをしながら，それぞれ独特の「民族パズル」を，その数学的背景と共に探訪してみるのは，意外に多くの発見があり，きわめて興味深いことである。（各章の節の流れは9ページ参照）

　"第1章"の展望編は，本書のモデルとなっているので，まずはここから楽しんでいただきたい。ではでは……

　　　2008年5月5日

　　　　　　　　　　　　　　　　　　　　　　　　　　　著　　者

数学と"本書の位置"

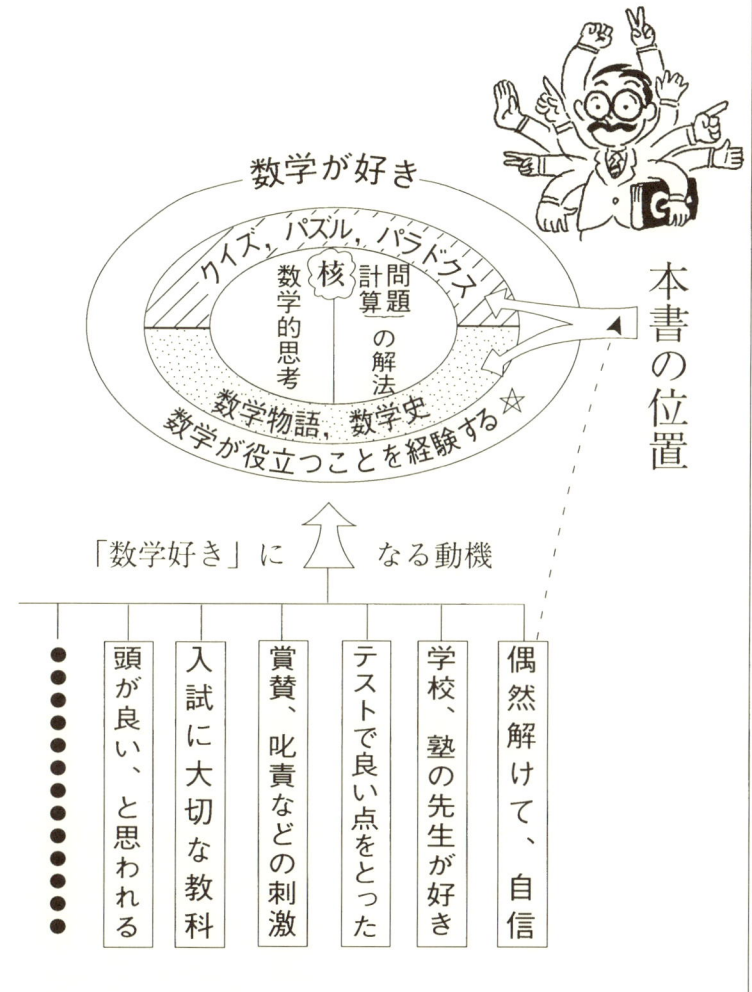

☆ 理科，技術・家庭科などの他教科での数学　　　　　　
　日常，社会生活などでの有用場面　　　　　　　　　　} などのこと
　物事の処理や考え方での効用

目　次

はじめに　1
  1　"遊び心"と優越感　1
  2　誰もがもつ「天の邪鬼心」　1
  3　「パズル探訪」世界巡り　2

数学と"本書の位置"　3

「章名のいわれ」と節構成　9

各章に登場する数学の内容　10

第1章　展望編 ———————————— 11
　　　　—人間社会の数・図，パズル—
  1　民族，国家，社会　12
  2　数学の特徴，話題　14
  3　クイズ&パズル&パラドクス　16

目　次

第2章　メソポタミアの粘土 — 21

 1　世界文化の発祥地　22

 2　楔形数字とグノモン　24

 3　クイズ＆パズル＆パラドクス　26

第3章　エジプトのパピルス — 31

 1　"ナイルの賜"とピラミッド　32

 2　象形数字と『縄張師』　34

 3　クイズ＆パズル＆パラドクス　36

第4章　インドの砂 — 41

 1　神官は天文学者　42

 2　数の"自由席と指定席"　44

 3　クイズ＆パズル＆パラドクス　46

第5章　中国の竹 — 51

 1　春秋戦国時代と諸子百家　52

 2　名著『算経十書』　54

 3　クイズ＆パズル＆パラドクス　56

第6章 ギリシアの皮 ——————————— 61

- 1 三学四科とソフィスト 62
- 2 学問の典型『原論』 64
- 3 クイズ＆パズル＆パラドクス 66

第7章 アラビアの壺 ——————————— 71

- 1 『千一夜物語』の国 72
- 2 代数と幾何の保存 74
- 3 クイズ＆パズル＆パラドクス 76

第8章 イタリアのトランプ ——————————— 81

- 1 十字軍とルネッサンス 82
- 2 算盤派と筆算派の五百年抗争 84
- 3 クイズ＆パズル＆パラドクス 86

第9章 イギリスの石 ——————————— 91

- 1 ストーン・ヘンジは天文台 92
- 2 "文紋"で戯曲作者解明 94
- 3 クイズ＆パズル＆パラドクス 96

目　次

第10章　ドイツの森 ——————————— 101

　1　改革，革命そして戦争の国　102

　2　"三十年戦争"が生んだ『統計学』　104

　3　クイズ＆パズル＆パラドクス　106

第11章　フランスの城 ——————————— 111

　1　金の卵を生む学校　112

　2　メートル法で世界統一　114

　3　クイズ＆パズル＆パラドクス　116

第12章　ロシアの雪 ——————————— 121

　1　血と英雄と芸術の都　122

　2　『確率論』と文学　124

　3　クイズ＆パズル＆パラドクス　126

第13章　アメリカの草原 ——————————— 131

　1　ホロ馬車隊の開拓精神　132

　2　コンピュータと「数学特許」　134

　3　クイズ＆パズル＆パラドクス　136

第14章 メソアメリカの暦 — 141

    1 メソアメリカの文化民族 142

    2 『暦のピラミッド』の妙 144

    3 クイズ＆パズル＆パラドクス 146

第15章 日本の道 — 151

    1 外来文化と参勤交代 152

    2 伝来数学と独創数学 154

    3 クイズ＆パズル＆パラドクス 156

おわりに 161

解答 162

        本文イラスト：筧　都夫

章名は「民族や国のイメージ」より

第1章	人間社会の数・図，パズル
第2章	メソポタミアの粘土
第3章	エジプトのパピルス
第4章	インドの砂
第5章	中国の竹
第6章	ギリシアの皮

} 古代の数学用紙より

| 第7章 | アラビアの壺 |
| 第8章 | イタリアのトランプ |

} 民族のイメージより

第9章	イギリスの石
第10章	ドイツの森
第11章	フランスの城
第12章	ロシアの雪
第13章	アメリカの草原

} 国土の特有性と象徴より

| 第14章 | メソアメリカの暦 |
| 第15章 | 日本の道 |

} 民族の特徴より

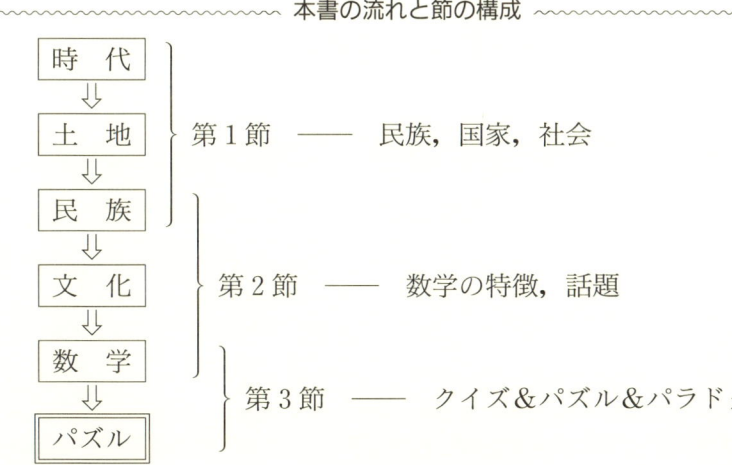

本書の流れと節の構成

時代 → 土地 → 民族 } 第1節 —— 民族，国家，社会
文化 → 数学 } 第2節 —— 数学の特徴，話題
パズル } 第3節 —— クイズ＆パズル＆パラドクス

各章に登場する数学の内容

章	主な数学内容	特徴，関連
1　展望編	パズルと数学	
2　メソポタミアの粘土 3　エジプトのパピルス 4　インドの砂 5　中国の竹	グノモンと60進法 ピラミッドと測量術 数〝0〟と文章題 魔方陣とタングラム	世界四大文化　（代数）
6　ギリシアの皮	論理と詭弁	（幾何）
7　アラビアの壺	方程式と〝天秤〟	（並存）
8　イタリアのトランプ 9　イギリスの石 10　ドイツの森 11　フランスの城 12　ロシアの雪	筆算と賭博 計算術と統計 童話と「メルヘン数学」 迷路庭園と図形学 確率と文学	近世・近代数学国
13　アメリカの草原	コンピュータと二進法	超計算
14　メソアメリカの暦 15　日本の道	暦と天文学 『塵劫記』と和算道	独特数学

第1章 展望編

―― 人間社会の数・図，パズル ――

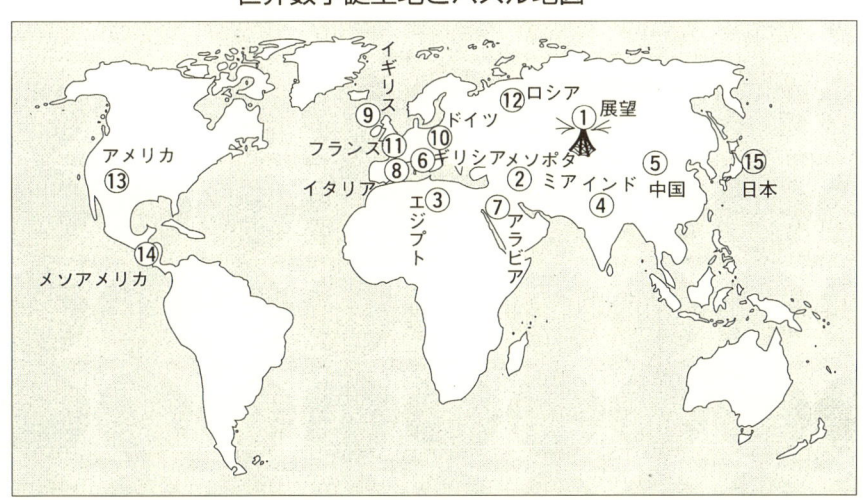

世界数学誕生地とパズル地図

（注）地図の①〜⑮は各章の番号

① 民族，国家，社会

(1) 土地と文化

世界四大文化の発祥地メソポタミア，エジプト，インド，中国の共通点は次のようである。

　　○緯度 20°〜40°の地帯　　　○大河の河畔　　　○農耕民族

そして，その発展過程の類似性は，農耕を中心とした集団生活から
① 農事，祭事の必要として天文観測をし暦作りをした。（計算）
② 集団生活のため族長が出，税の徴収をした。（比，比率）
③ 土地区画，都市計画またシンボル塔の建設があった。（作図）
④ 記録用紙が，その土地特有なものが使用された。（数，図形）
　　○シュメールは粘土板　　　○エジプトはパピルスの茎
　　○インドは板にまいた砂　　○中国は竹や木片　　　　など
⑤ 民族の実質的リーダーの神官が，天文学者，数学者を兼ねていた。

都市のシンボル

メソポタミア（バビロニア）のスパイラル・ミナレット　　エジプトのオベリスク　　メソアメリカ（マヤ）の宮殿ピラミッド

(2) 民族と社会

古代文化諸民族に共通なものは数々あるが，日常不可欠なものは"数"や"図形"であろう。

数については右に示すように民族によっていろいろな工夫，方式がある。

これは，大きく2種類に分けられるが，「自由席式」とは数字の並びや位置に関係な

```
─────── 数字と記数法 ───────
                         (例)
       ┌ 刻み数字        ╲ │
  自由 │ 象形数字        ℮ 🯅
  席式 │ 漢数字          壹，伍
       └ アルファベット   α，β

  指定 ┌
  席式 └ 0を用いたインド式
```

（指定席式とは，275で数字の並びを換えた725や572などは別の数になる，というもの。45ページ参考。）

い表記法である。さらに，言葉，習慣，服装，建物，宗教などそれぞれ民族の特徴，相異があるのが興味深い。

(3) 広い共通性

人間の日常社会生活で不可欠なものが，数，図形，月日のほかに，物の数量（度量衡）や通貨などがある。
　　　　　　　どりょうこう

これらは他民族との交流によってさらに広まったり，改良されたり，付加同化されたり，吸収されたりなどしている。

それには平和的な交易によっておこなわれるほかに，戦争，征服，植民地化などによることがある。

```
─────────── 日本の数詞 ───────────
 古来    ヒィ，   フゥ，   ミィ，   ヨー，   イツ，   ムウ，……
 外来    イチ，   ニ，     サン，   シー，   ゴー，   ロク，……
（中国語  イー，   アール， サン，   スウー， ウー，   リュー，……）
 符丁    ちょん， のつ，   げたつ， だり，   め，     ろんじ，……
（魚河岸）
```

② 数学の特徴，話題

(1) 数学遊びは"人生の潤滑油"

人間の生活では，娯楽や気分転換というものが必要で，これによってストレス解消やすばらしいアイディアの着想が起きたりすることになる。

広く遊びには右のようなものがあるが，健全な生活では「頭脳を使う」ものの方がよい。

これには，和歌，俳句や絵画など数々あるが，その代表がクイズ，パズル，パラドクスである。

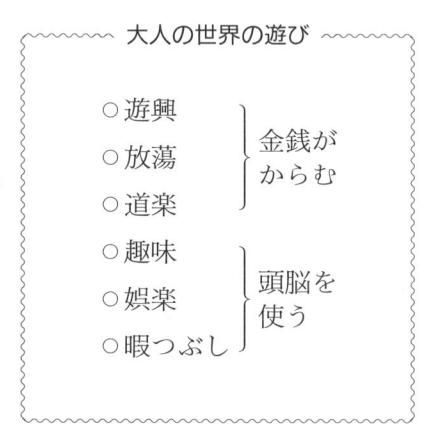

```
─── 大人の世界の遊び ───
○遊興  ┐
○放蕩  ├ 金銭が
○道楽  ┘ からむ
○趣味  ┐
○娯楽  ├ 頭脳を
○暇つぶし┘ 使う
```

これらの中には，単なる遊びを超え，本格的な『数学』へと発展したものもいくつかあるのである。

「クイズ，パズル，パラドクス，ナンカ」といってレベルの低いものと軽べつしてはいけない。楽しみながら，数学の基礎学力も培うことができるという副産物もある。

(2) 数学者の職業

現代でこそ「数学者」という社会で安定した職業があるが，昔は多くの人が兼業的にやってきている。大ざっぱにいうと次のようである。

　　古代──神官，哲学者
　　中世──神父，占星術師
　　近世──商人，計算師
　　近代──数学者，科学者

```
─── 日本の和算家 ───
○殿様　　○武士
○浪人　　○商人
○農民　　○その他
```

第1章　展　望　編

(3) クイズ＆パズル＆パラドクスと感動

　数学好きは,「数学の問題を解くこと」に感動し,ますます学習意欲がたかまるものであるが, 人々がクイズ, パズル, パラドクスを好むのも, 解けた感動といえよう。

　筆者は学生に, "感動したクイズ, パズル, パラドクスの問題"を調査したことがあるが, これには, 次の5つのタイプがあり, その代表例を示すと下のようである。

① ふしぎだー（感嘆）

　（例）4－4は何もないのに, 答を0とすること

② おみごと！（感激）

　（例）ガウスが小学生のとき, 先生から1～100の和を求めよ, といわれ, 右の方法で即座に答を出した

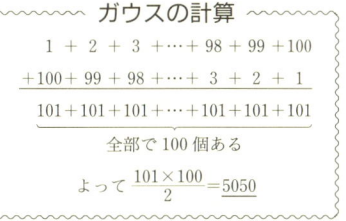

③ おもしろい（感興）

　（例）10 cm を三等分することは計算では3.333…cm と無限な値だが紙はピタリと折れる

④ うまくできている（感得）

　（例）数式と図形が親しい関係にあること
　　　　$a(b+c) = ab + ac \rightleftarrows$
　　　　三平方の定理も同様。

⑤ やられた！（感服）

　（例）厚さ1 mm の大きな紙を22回折ると, その高さは富士山より高くなる

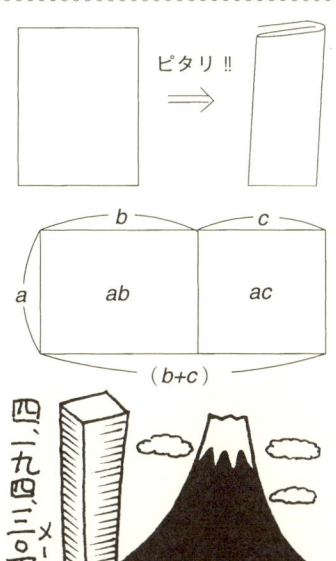

③ クイズ&パズル&パラドクス

　以下，"問題"は Quiz & Puzzle & Paradox より QP を用いることにする。

(1) クイズ・タイプのもの

QP 1　2人の古代人が，退屈しのぎに簡単なゲーム，「大きな数を言う競争」をした。

　A「あなたからドーゾ」
　B（しばらく考えて）「3！」
　A（長く考えた後）「負けた」
あなたなら，Bに勝つには何というか？

QP 2　"文化の数量化"ということを研究する分野がある。たとえば，イソップ物語の「アリとキリギリス」の寓話をその"尺度"に使うとすると，冬にやせ細ってアリに物乞いにきたキリギリスに

　A「夏に歌っていたのだから，冬には踊りなさいヨ」
　B「遠慮なく食べ，元気になってまた，楽しいうたを聞かせてネ」
という，A，Bのどちらをあなたは選ぶか，
と多くの人に質問して集計し，これを数量化するのである。
　さて，日本人と欧米人とではどのように違うであろうか？

QP 3　右の図の(1), (2)に答えよ。

(1)　マッチ棒2本を動かして，サクランボをコップの外に出せ。
(2)　1本動かして馬を逆向きにせよ。

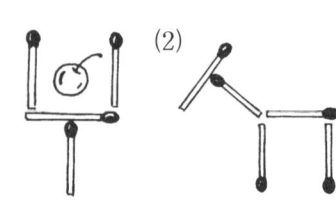

(2) パズル・タイプのもの

（数計算の工夫）

QP 4 古今東西，数や計算についてのパズルは多い。

右がその代表的なものである。

ここでは毎年新鮮な気分で楽しめる〝数楽オリンピック〟を紹介しよう。

1964 年は東京オリンピックの年であったが，この数字の並びをそのままにし，数の前や間に，＋，－，×，÷，（　）などの記号を使って，計算の結果が 0～10（下の場合）を作ろうとするものである。

───── 数や計算のパズル ─────
○魔方陣
○虫食算
○覆面算
○小町算
○ *four four's*
○ *four nine's*
他

（注）上記のものは後述する

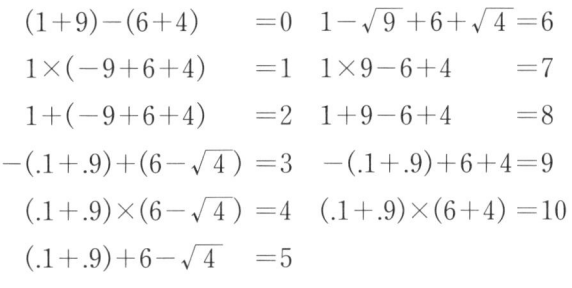

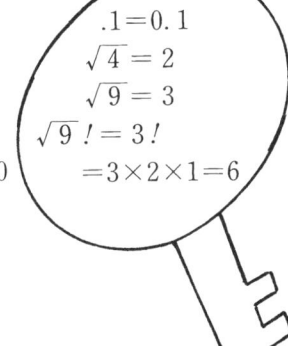

（上記以外の式，つまり別解も作れる）

上を参考にして，1996 年（アトランタ五輪）の 4 数字で数楽オリンピック 0～10 を作れ。

QP 5 自分の姓名や用語などを使った自作パズルの代表に，覆面算がある。右の例がそれで，この解はほかにもある。

例を参考にして，問題を解け。

（例）パズル

（解）

```
  P U        2 1
+ Z Z      + 3 3
─────      ─────
  L E        5 4
```

（問）パラドクス

```
  P A
+ R A
─────
D O X
```

（文章題の形のもの）

QP 6 バブル崩壊期に日本社会は『住専』（住宅金融専門会社）の処理策による税使用，つまり国民負担金6850億円についてもめた。この金額の大きさを，1人の人間が毎日100万円を使い続けて1875年間と算出し，

(1) これは卑弥呼より数10年前から今年までと新聞で述べていた。これは西暦何年からか？

(2) 1万円の札束で積み上げると富士山より高いという。さてこの山の何倍か？

QP 7 祖母，母，娘の3人が買物にでかけた。

3人の年齢の差はそれぞれ30歳。年齢の和は99歳，積は6237歳であるという。

3人それぞれの年齢を求めよ。

QP 8 中国唐の時代の名著『孫子算経』の中に，わが国でいう「盗人算」がある。これは次のようなものである。

「ある人が絹を盗まれた。盗人たちが草むらで分配する声を聞くと，1人6反ずつ分けると6反余り，7反ずつ分けると7反不足するという。盗人は何人で，絹は何反あったか。」

これを解け。

―――― 日本独特の○○算（155ページ）――――

全体を 1とする	割合 を使う	ならして 解く	数え方 の工夫	速さに ついて	おきかえ の利用
仕事算	時計算	和差算	植木算	旅人算	鶴亀算
帰一算	年齢算	分配算	方陣算	通過算	消去算
還元算	相当算	平均算	周期算	流水算	他

（図形パズル）

QP 9 下の図について，"一筆描き"できる図を選び出せ。また，その中で，「どこから始めても描けるもの」の番号をいえ。

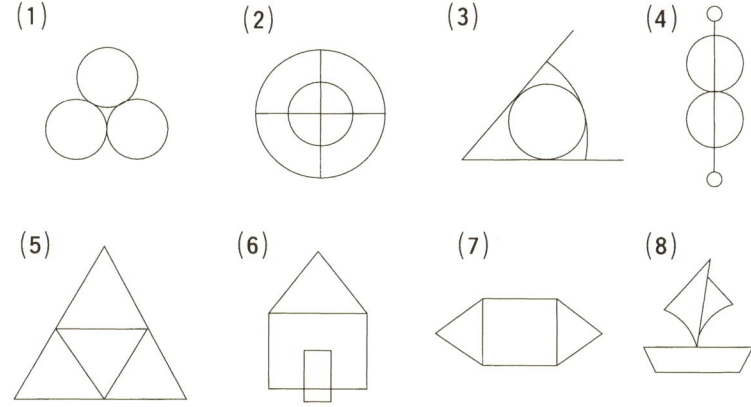

(注)円で接しているところは1点として考える。

QP 10 たて4，横5に区切った長方形の紙がある。
この紙を2つに切り分け，それを合わせて，正方形を作れ。

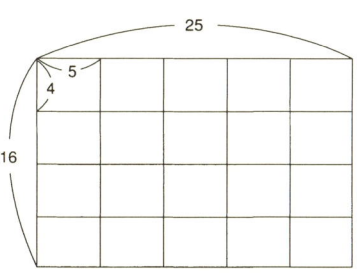

QP 11 右の図で，次の(1)，(2)に答えよ。
(1) 白球Aを打ちフチに1回当てて黒球Bに当てるとき点Pの位置を求めよ。
(2) フチに2回当てて黒球に当てるとき点Q，Rの位置を求めよ。

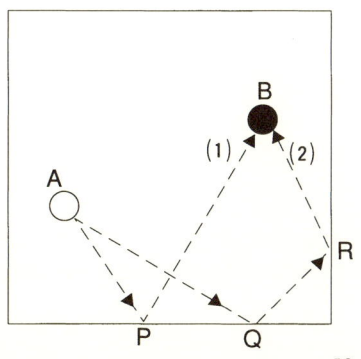

(3) パラドクス・タイプのもの

QP 12 「3と5は等しくない。」これは幼児も知っている。しかし下のような計算から3＝5が導かれるが，それはどこに間違いがあるのか，それを示せ。

(1)
$$3 \times 0 = 0$$
$$5 \times 0 = 0$$
より
∴ 3＝5

(2)
$9 \div 3 = 15 \div 5$
$3(3 \div 1) = 5(3 \div 1)$
両辺を $(3 \div 1)$ でわって
∴ 3＝5

(3)
$3x - 5 = 5x - 3$
移項して
$3x + 3 = 5x + 5$
分配法則で
$3(x+1) = 5(x+1)$
両辺を同じ式 $(x+1)$ でわって
∴ 3＝5

QP 13 ある日，教室の黒板に右のようなことが書いてあった。
誤りを探し出せ。

この板書に誤りがある
(1) 8＋3＞9＋1
(2) 5x－2＝8 の解は2
(3) 正方形は平行四辺形である

QP 14 かってな三角形ABCで，頂角Aの二等分線と底辺BCの垂直二等分線との交点をOとすると

(1) $\left. \begin{array}{l} AH = AJ \\ HB = JC \end{array} \right\}$ ∴ AB＝AC

となる。これを導き出せ。

(2) これから，すべての三角形は二等辺三角形になる。
矛盾を証明せよ。

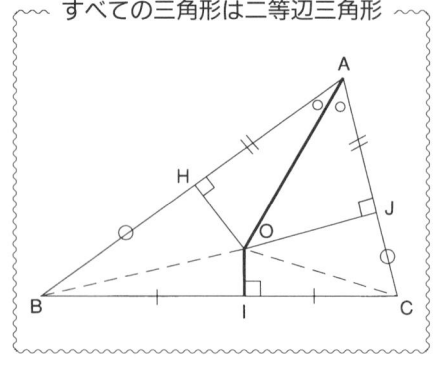

すべての三角形は二等辺三角形

第2章　メソポタミアの粘土

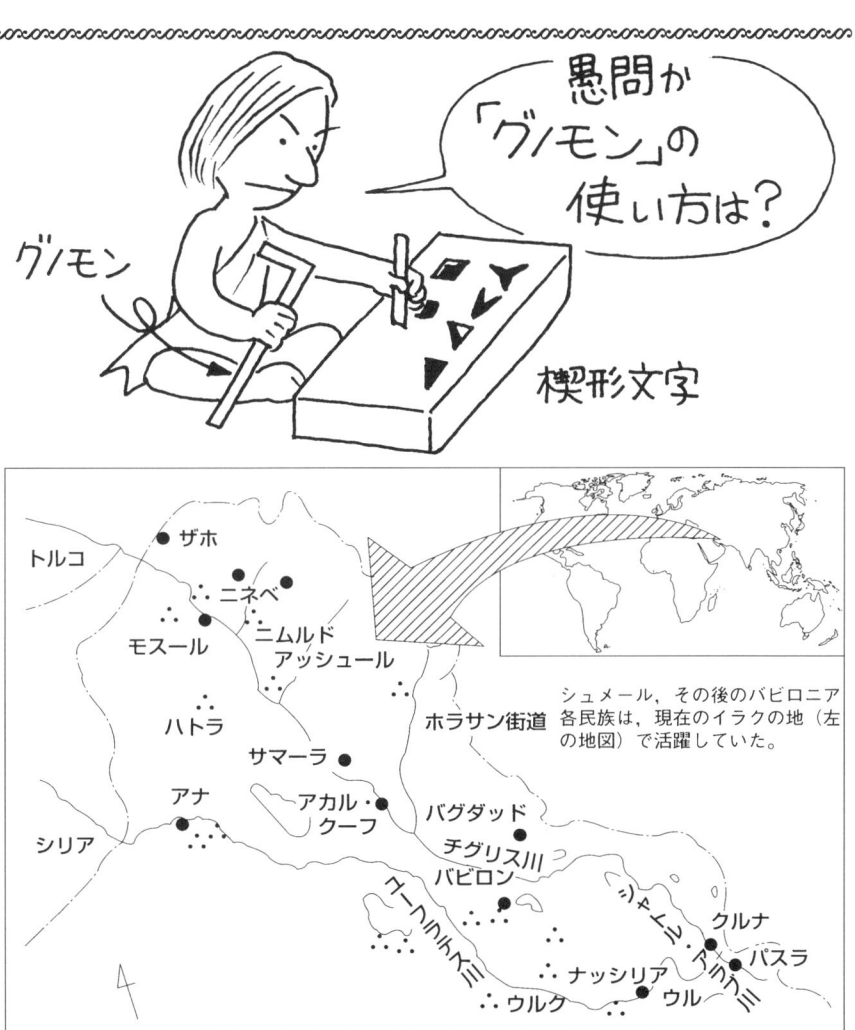

バビロニア民族の首都バビロンは"神の門"の意味（記号∴は遺跡）

① 世界文化の発祥地

(1) 大河の河畔と文化
- チグリス ┐ 両大河の
- ユーフラテス ┘ メソポタミア文化
- ナイル河のエジプト文化
- インダス河のインド文化
- 黄河の中国文化

が世界四大文化発祥地といわれる。

メソポタミアとは〝河にはさまれた土地〟

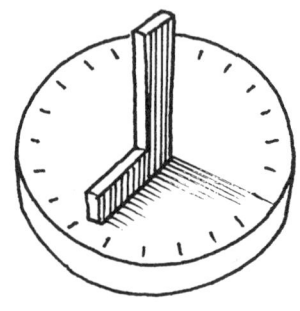

グノモン（日時計）

の名で，ここではシュメール人，バビロニア人が進んだ文化を築いた。

(注) 文化遺産，文化財，文化勲章などといい，ふつう〝文化〟は文明を含む。また，本書は数学が主なので文明でなく〝文化〟を用いる。

その地の文化は 7000 年も前に始まり，地図からわかるように，西洋と東洋の間で，いわば地球の真中である上，「肥沃の三日月地帯」とよばれた農業大地である。

それだけに，つねに周辺の次の諸民族から征服を受けた。

バビロニア，アッシリア，ペルシア，サラセン，モンゴル，トルコ。

楔形文字

ウルクの発掘現場

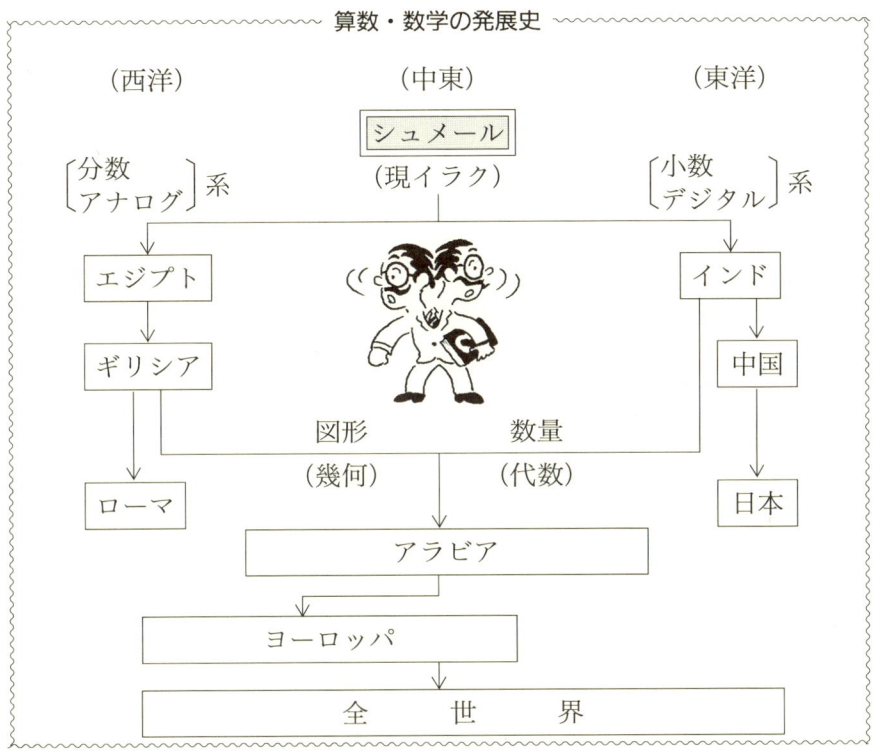

算数・数学の発展史

(2) 算数・数学の発展史

　メソポタミア文化の1つの特徴は，粘土板に葦の茎の切り口を使って印をつけた楔形文字・数字である。

　これは現在でも発掘がなされ，解読が続けられているが，世界最古の軍事都市ウルク，ウルなどから多量に貴重な発見がある。

　数学文化は，シュメール人が創案し，バビロニア人が発展させたものを，上のようにして東西に伝播されたが，やがて民族性や環境などによって，次の特徴差ができた。

　　東洋──数量（代数）型，デジタル，小数文化圏
　　西洋──図形（幾何）型，アナログ，分数文化圏

という対立的な発展をしていった。

② 楔形数字とグノモン

(1) 60進法と楔形数字

グノモンとは「日時計」のことである。

シュメール民族は、これで1年間を観測し、農業や祭事・政治などの計画を立てるために"暦"を作ったといわれている。

少々調整をすれば、この簡素な道具で、時刻を知ることができる。

さて、彼等は初期のうちは、このグノモンで1年間を360日と知ったので、1日を角度1°とし、360では大きすぎることから6等分した60単位を時間や角度の基本にしたと想像される。

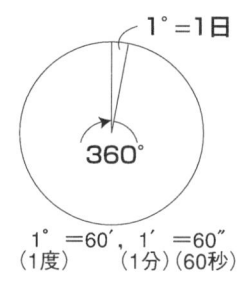

しかも、分数では、分母を60にすると、

1, 2, 3, 4, 5, 6, 10, 12, 15, 20, 30, 60

と100までの数では一番多くの約数をもっている数なので、約分に都合がよかった、ということも60進法の根拠といわれる。

（注）他の説に、6進法の民族と10進法の民族が一緒になったので、60進法をつくったというのがあるが、あまり信用できない。

そして、彼等が用いた数字が、有名な楔形数字である。

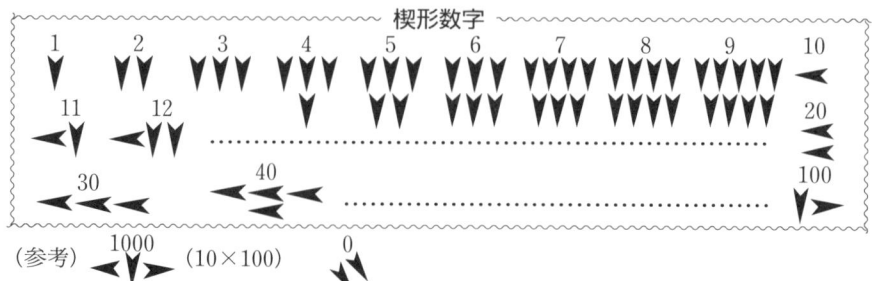

古代人や南方未開人などの数の単位では

2進法，5進法，10進法などが多い。

これは一番身近な「指」を，ものを数える道具にしたことによる。

これらに対し，シュメール民族が60という大きな単位を基準にしたのは，天文観測や分数に対するためと考えざるを得ないのである。

10進法からみると右のように複雑で慣れないうちは大変に思われる。

この換算については，あとで挑戦してもらうことにしよう。

```
～～ 10進数 ─→ 60進数 ～～
7×7＝49  ─→ 49
8×8＝64  ─→ 60＋4
              ＝1｡4
9×9＝81  ─→ 60＋21
              ＝1｡21
10×10＝100 →＝60＋40
              ＝1｡40
11×11＝121 →60×2＋1
              ＝2｡1
12×12＝144 →＝120＋24
              ＝60×2＋24
              ＝2｡24
```
(注) 楔形数字では24，29ページのように書く。

(2) 算数・数学のレベル

最後に，どんな算数・数学があったのかを見てみよう。

(数量面) 九九や平方，平方根の表，数列，簡単な方程式

(図形面) 円と正六角形，直角の三等分作図，三辺が3：4：5で直角が作れること，平面図形や立体の求積，円の性質

(天文面) 日食や月食の予測

などなど，かなり進んだものであった。

1辺が1の正方形の対角線の長さは$\sqrt{2}$つまり1.414……であることは紀元前5世紀ギリシアの数学者ピタゴラスが発見した，とされるが，すでにシュメール民族が知っていた。

③ クイズ&パズル&パラドクス

QP 1　メソポタミアの文化——シュメールやバビロニア——は，日干しレンガに葦の茎で▼の印を使って文字や数字を書き残した。

右の(1)，(2)の積んだレンガの個数を求めよ。

(1)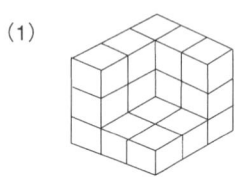

(2)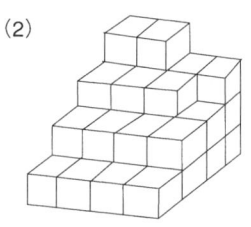

QP 2　シュメール人は1年間を360日とし，これをもとに60進法がつくられた，という説がある。

現代では1年間を365日，閏年は366日が使用されている。この2つの数について考えてみよう。

(1) 365日の365は美しい数の和に分解される。

（例）　$365 = 10^2 + 11^2 + 12^2$

次の□をうめよ。

① $365 = \boxed{}^2 + \boxed{}^2$　　② $365 = \boxed{}$

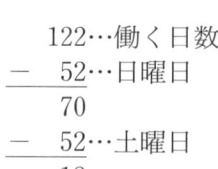

1年間の日数は？

(2) 366日では，次の計算で1日も働いていない話が作られる。

まじめに働いている店員が，何年たっても給料を上げてもらえず，不満を店長につげた。すると店長は右の計算を示しながら

「うちは8時間 $\left(\dfrac{1}{3}日\right)$ 労働なので1年を366日とすると122日働くことになり，次の計算で労働は0日になる。働いた日が0日では給料が上げられな

```
  122 …働く日数
-  52 …日曜日
   70
-  52 …土曜日
   18
-  14 …年休
    4
-   4 …店の休み
    0
```

いよ」

毎日働いている店員はフにおちないがあきらめた，と。

さて，どこがおかしいのであろうか？

QP 3 グノモンはL型の棒を用い，太陽光線による影で時刻や年月を知った。

後世は，このL型から，いくつもの数学問題が作られている。

次のおのおのに答えよ。

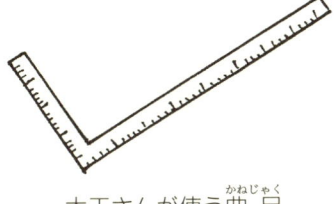

大工さんが使う曲尺（かねじゃく）もグノモン。

(1) 下のような正方形にできる数 1，4，9，16，……を**四角数**という。いま。10番目の四角数を作ったとき，そこにできるグノモンの数を求めよ。

	1番目	2番目	3番目	4番目
四角数	1	4	9	16
グノモン数	0	3	5	7

(2) 平行四辺形 ABCD の対角線 AC 上に，かってな点Eをとりこの点を通り2辺に平行線 FG，HI を引くと，グノモン（太線部分）ができる。

このとき，平行四辺形 P，Q は面積が等しいことを説明せよ。

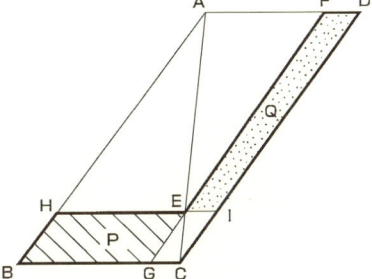

── ヒント ──
対角線 AC が，平行四辺形の面積を二等分している。

(3) 正方形 ABCD に巻かれた糸を，ピンと張りながら引き伸ばしていくと伸開線という曲線ができる。

このときグノモンができるが，正方形の1辺を10cmとしたときの伸開線 AFHJ の長さを求めよ。

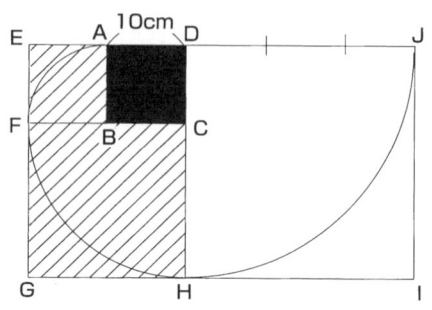

QP 4 前問 QP3 の(1)のグノモンでは，もとの数は 1^2, 2^2, 3^2, ……という平方数になっている。

この考えをもとにして，右の計算の答を工夫で求めよ。

平方数の計算
$6^2 - 5^2 =$
$56^2 - 55^2 =$
$556^2 - 555^2 =$
$5556^2 - 5555^2 =$

QP 5 シュメール人は天文観測に熱心で，月については新月から満月までの満ち欠け（三日月）状態を数列で表わしている。

次の数列で□に適する数を求めよ。

(1)　2　4　□　8　□　12　14　…………

(2)　1　2　3　5　□　13　21　□　55　………

(3)　1　3　6　10　□　21　□　36　………

QP 6 シュメール，バビロニア人たちは，日干しレンガに印▼を上手に使って楔形文字，数字を表わした。

▼を2個使って，何種類の記号が作れるか。ただし，垂直か水平にしか用いないものとする。

（たとえば，0 を示す ◥◣ という斜めの使用はだめ）

第2章 メソポタミアの粘土

QP 7 60進法と10進法との関係について考えてみよう。

(1) 次の10進法の数を，60進法の数になおせ。
① 65
② 200
③ 382
④ 4691

(2) 次の60進法の数を，10進法の数になおせ。
① ▼。▼▼
② ◀▼▼。◀▼
③ ◀▼▼。◀▼
④ ▼。◀▼▼▼

QP 8 人類にとって"分数"は難問で，

シュメール人は 分母を一定の60で書かず，分子だけ書く

エジプト人は 分子を一定の1で書かず，分母だけ書く

という工夫をした。

16世紀ベルギーの数学者（もとは軍隊の経理部長）ステヴィンはシュメール人の分数で分母を10に代え，右のように『小数』を創案した。その後変形されたが，創案から小数点"・"まで何年がかかったと思うか？

~~~~~~~~ ヒント ~~~~~~~~

（例1）1996
60) 1996
　　　33……16
よって 33。16

（例2）4580
60) 4580
60) 　76……20
　　　 1……16
よって 1。16。20

~~~~~~~~~~~~~~~~~~

角度，温度（60進法）
5° 7′ 2″ 6‴

⇩上を10進法にし

```
0  1  2  3
5  7  2  6          ｝ステヴィン式
5⓪7①2②6③
```

⇩簡略化し

5|726 ， 5|726

⇩やがて

5.726

QP 9 輪投げ遊びで，右図の斜線を塗った「ラッキーエリア」にかかる輪の部分（輪の黒色）の和が大きい方が勝ち，というものがある。

どのような入り方のときが，最も和が大きくなるか。

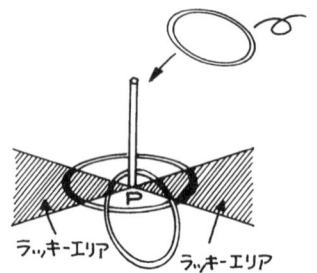

QP 10 メソポタミア地帯は「肥沃な三日月」といわれる。農耕最適地帯が三日月状（クレセント）に広がっていることによるからである。

円に関して三日月図形が数々登場するので，そうした図形について考えてみよう。

(1) 下の図形の面積を求めよ。

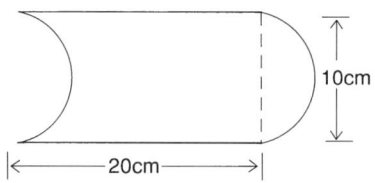

(2) 斜線の三日月の面積の和を求めよ。

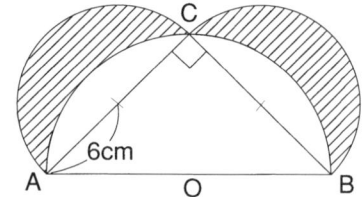

(3) 工夫して面積を求めよ。

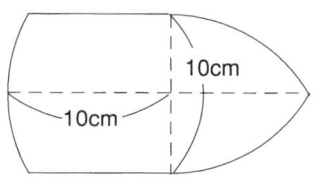

(4) 切り貼りして，簡単に面積を求めよ。

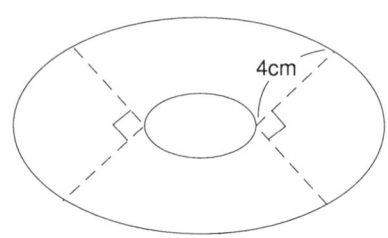

（注）「……」はヒント。(3), (4)とも曲線は円弧

第3章　エジプトのパピルス

絵の描かれたパピルス

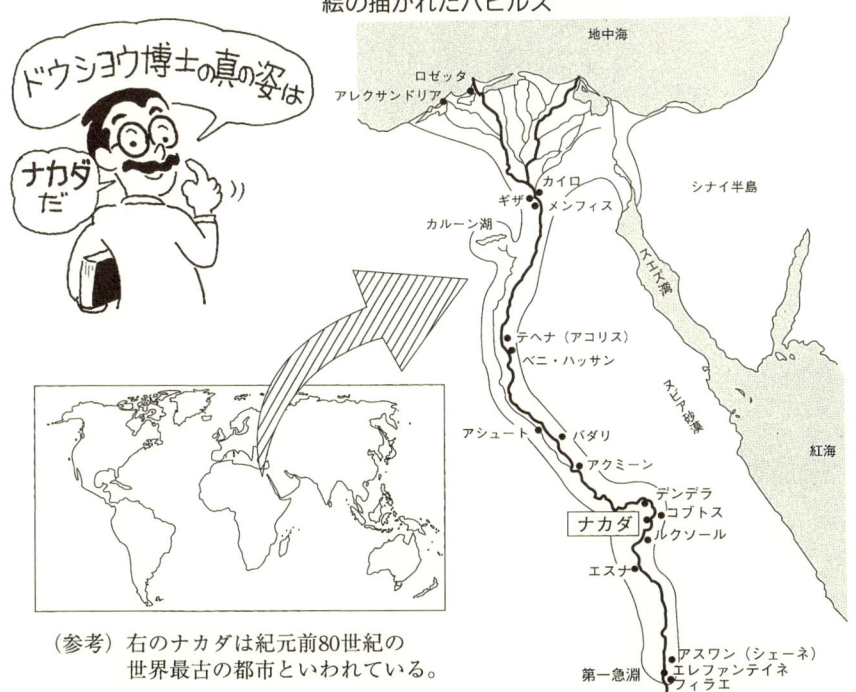

（参考）右のナカダは紀元前80世紀の
　　　　世界最古の都市といわれている。

① "ナイルの賜"とピラミッド

(1) ピラミッドは王の墓か？

ピラミッドについては，いろいろな説があるが，エジプトを代表するものであることには変りがない。

いまから5000年以上前，最初，王の墓としてマスタバ（正四角錐台，泥作り）が造られ，右のような変形をし続け最後に美しい巨石造りとなった。

途中，高さ90mのスネフル王のピラミッド（紀元前4650年前）が完成近くにひどい豪雨でくずれ，数千人のドレイが下敷きになって死んだという。このときの傾斜は52°で，以後傾斜は45°前後に変ったといわれている。

ピラミッドの代表はクフ王のもので現代造るとしたら20兆円かかるという。

(注) クフ王のピラミッドは紀元前2800年頃建造された。底面の正方形の1辺が230m，高さ146m，平均2.5 t(トン)の石230万個。10万人が3か月交替で20年近くかかった。

それから20年後にカフラ王（高さ141m）のピラミッドができたが，これはスフィンクスの前にあり，写真うつりが一番よいといわ

第1期 マスタバ

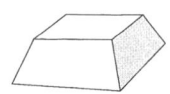

第2期 段階ピラミッド
（カツサラ）

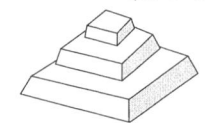

第3期 切頭ピラミッド
（メイドム）

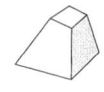

第4期 屈折ピラミッド
（ダハシュル）

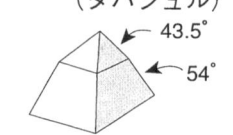

43.5°
54°

第5期 ピラミッド

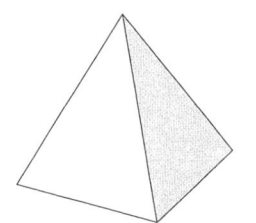

クフ王のものは傾斜52°

(2) 都市のシンボル

さて,後期のピラミッドについては,王の墓ではなく,都市のシンボルであるという強力な説がある。

古代民族がつくった都市では,その中心地に高い塔などのシンボルを建てるという共通性（12ページ）がある。

この説からいうと,砂漠の真中に建つピラミッドは不自然に思われるが,当時のナイル河はこのピラミッドの近くを流れていて,その都市（現在は消滅？）の中心にシンボルとして建てた,というのである。

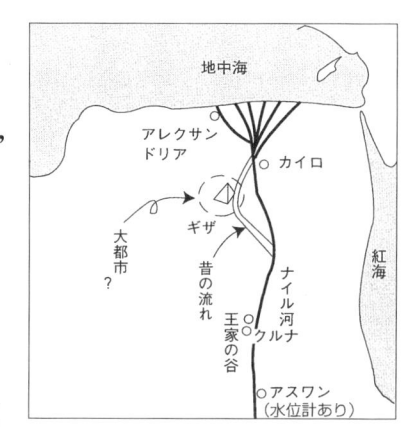

ところがその後ナイル河の流れがいまの位置に変ってしまったので,そのままとり残され,砂漠に建てられたような形になった,と。

大河は例外なく,河の流れを変えているので,説得力のある説といえよう。

(3) "ナイルの賜(たまもの)" の意味

エジプトの発展は,毎年のナイル河の氾濫にあった。

上の話のように流れが変るのを別にして,氾濫では被害以上に有益なことがある。上流から肥えた土壌が流されてきて,水の引いたあと農業に最適な土地になる。（肥料をまくという手間がいらない）

ただ別の手間が必要になる。

それは田畑の区画復元という作業で,この必要から『縄張師』という専門測量師が誕生した。これは,田畑の区画復元と共に,被害額を算出し減税をしてもらう目的もあった。

一方,水害被害を最小にするため,氾濫時期の予測が必要とされ,上流の各地に深い井戸を掘り『水位計』を設置していた。

② 象形数字と『縄張師』

(1) エジプト人と象形数字

エジプト人がナイル河を賜といったのは数学文化にもみられる。

右の表からわかるように，10進法の10単位の数字が，それぞれナイル河と深いかかわりをもつもの，つまり

　○氾濫後の復元測量の道具
　○春に一斉に花咲き，芽をふき，誕生する生物たち

なのであり，こうした象形数字は他の民族には類をみないことからも，エジプト人にとってナイル河が生活から切りはなせないものであるのを見出すのである。

さて，数字を使った数の組み立て，つまり「記数法」は古代民族共通の〝刻み方式〟で次のように表した。

象形数字

一	棒	測量の道具
十	人の手	
百	縄	
千	蓮の花	春のナイル河畔
万	パピルスの芽	
十万	おたまじゃくし	
百万	人がびっくりしている	無限量の表現
千万	地平線の太陽	

算用数字　国	1	2	3	4	5	10	50	100	500	1000
シュメール (バビロニア)	Y	YY	YYY	YY YY	YYY YY	<	≪	Y>	YYY Y>	<Y>
エジプト						∩	≋	℮	℮℮℮	⌇
ギリシア	I	II	III	IIII	Γ	Δ	Γ^Δ	H	Γ^H	X
ローマ	I	II	III	IV	V	VI	L	C	D	M
マヤ	●	●●	●●●	●●●●	―	═				

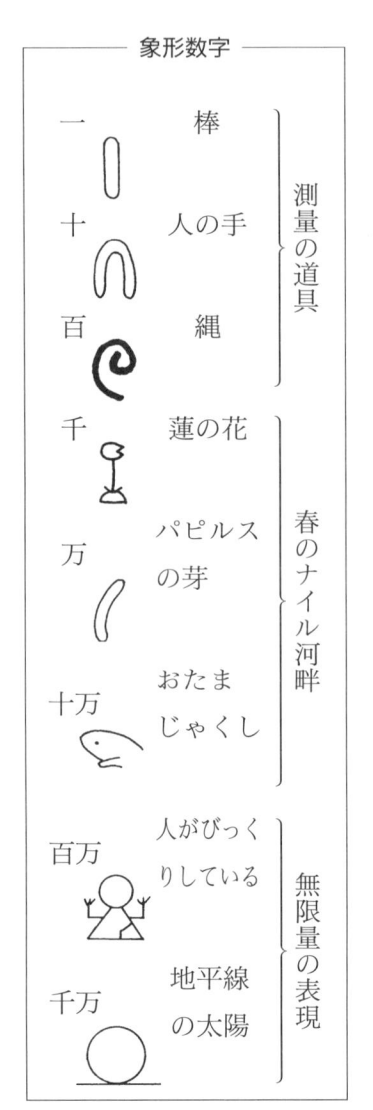

(2) 区画復元と『縄張師』

1,000年以上の伝統と技術の蓄積をもつ当時の縄張師は，杭(くい)と縄だけで作図の高度な能力を発揮した。

正確なピラミッドの建造技術はそれを実証したし，これを学んだ古代ギリシア人は，論証を加えて『幾何(きか)学』という人類が誇る学問を完成させる結果をもたらした。

また，中世，近世の壮大な寺院や城の建造での作図技術も，遠く縄張師に負うところが大きい。

簡便な直角の作図法として，下の図の3辺3：4：5という方法が広く用いられたようである。

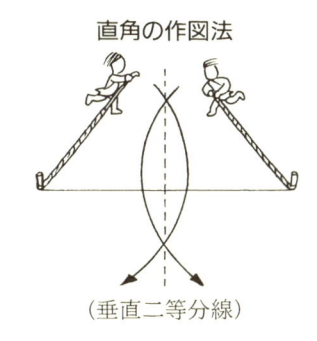

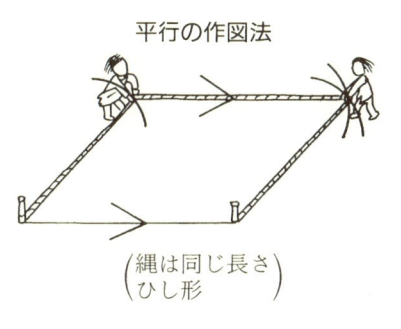

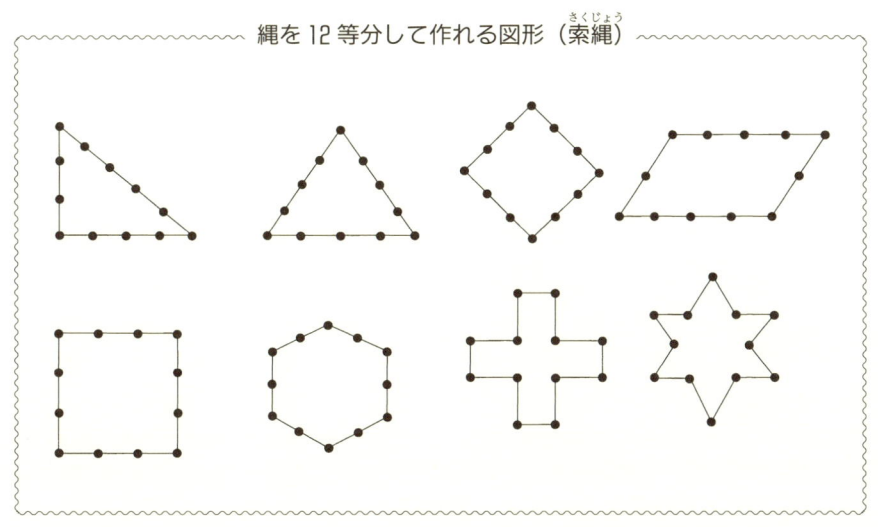

直角の作図法

（垂直二等分線）

平行の作図法

（縄は同じ長さ）
ひし形

縄を12等分して作れる図形（索縄(さくじょう)）

③ クイズ&パズル&パラドクス

QP 1 日本からのエジプト観光旅行者は多い。その旅行者の寸話2つ。

(1) 露店商と旅行者の話

商人「日本の人！　これはたいへんな品物だよ。」

旅人「ナアーンダ，汚い金貨じゃないか。」

商人「いやいや，あのアレキサンダー大王が埋めたものだ」

旅人「なんで，そんなことがわかるんだ」

商人「ホラ，これをごらんよ。
　　　"B.C.350" と刻まれているからね」

(2) カイロのエジプト博物館のガイドと観光客

ガイド「みなさん，これは 3,700 年前の古代エジプトの土器です」

客　「オイ，オイ，ガイドさん。
　　私が去年来たとき，3,700 年前といっただろう。
　　それなら，今年は **3,701 年前**といわなければおかしいよ」

以上，2話について，あなたはどう思うか？

QP 2 古代エジプトの数学のレベルを知ることができる唯一のものに『アーメス・パピルス』（別名リンド・パピルス，B.C.17 世紀）がある。

これは幅 30 cm，長さ 5 m ほどのパピルスを巻紙状にしたもので，当時までの数学の様子をまとめた記録書，問題集のようなものである。

第3章　エジプトのパピルス

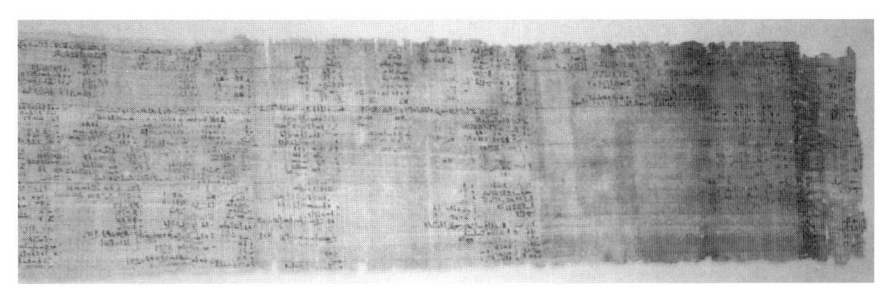

『アーメス・パピルス』の一部（大英博物館内）

内容は右のようである。

これらの中からパズル的なものを拾い出し示すので、挑戦してもらうことにしよう。

(1) 古代エジプトでは、$\frac{2}{3}$ を除いて、分子が1の分数（単位分数）で表わしている。

　例にならって、次の各分数を単位分数の和で表わせ。

（例）
$$\frac{2}{5}=\frac{6}{15}=\frac{5}{15}+\frac{1}{15}$$
$$=\frac{1}{3}+\frac{1}{15}$$

① $\frac{2}{7}$　　② $\frac{2}{11}$　　③ $\frac{2}{13}$

④ $\frac{4}{5}$　　⑤ $\frac{3}{8}$　　⑥ $\frac{5}{9}$

（参考）$\frac{1}{2}$ は 🍶、$\frac{1}{10}$ は ⌒

$\frac{2}{3}$ は ✠ と表わした。

―『アーメス・パピルス』の内容―

第1節　分数表
第2節　基数を10で割る表
第3節　分数の乗法
第4節　補数の問題
第5節　hau の方程式の問題
第6節　分数の除法
第7節　ヘカトの分割
第8節　パンの分配（等差級数）
―図形―
第1節　体積の問題
第2節　100 ヘカトの分割
第3節　面積に関する問題
第4節　ピラミッドの問題
―雑題（文章題）―
略

全87問

(注) 補数とは $a+b=10$ の a と b
　　hau は未知数 x のこと
　　ヘカトとは量の単位（1ヘカト≒5ℓ）

(2) 次のような文章題がある。

"7軒の家に7匹ずつ猫がいる。猫は1日に7匹ずつ鼠を殺した。

鼠は小麦を7穂ずつ食べ，穂から7合（1合≒1.8 $d\ell$）ずつ小麦がとれる。

小麦は1日にどれだけ節約されたか。"

（参考）この問題は後世の各国に影響を与え，類題がいろいろの形で作られている。この種の問題を『積算（つもり）』という。

QP 3 象形文字・数字で書かれた1例を示し，その解読文もつけるので，これを解いてみよう。

――― 象形文字の問題 ―――

Hā′	neb-f	ma-f	ro	sefex-f	hi-f	xeper-f	em	sa safex;
堆（未知数）	その $\frac{2}{3}$	その $\frac{1}{2}$	その $\frac{1}{7}$		その全体	で		37

（カジョリー『数学史』より）

（解読文）「ある数があり，その $\frac{2}{3}$ とその $\frac{1}{2}$ とその $\frac{1}{7}$ とその全体とで 37 である。ある数はいくらか」

QP 4 『アーメス・パピルス』は現存する世界最古の数学書といわれている。これは古代エジプトの写字吏アーメスの記述したもので，イギリスの商人リンドがエジプトで1858年に入手したことから『リンド・パピルス』ともよばれる。

このパピルスは，ナント！ 約3,700年前のもの，その内容は4,000年以上昔のものを記録したといわれている。

1970年に大阪で万国博覧会が開かれたが，その際大阪城の敷地内に2,000点の品物を収めたタイム・カプセル2個を埋めた。これは5,000年後に開けるという。当時の社会はどうなっているであろうか。

第3章　エジプトのパピルス

QP 5　クフ王など巨石を積みあげたピラミッドの石は，遠く600 km離れたアスワン（昔のシェーネ）の石切場から，ナイル河を舟で近くまで運び，あとは下の図のようなコロ（丸太材）を使って運んだという。

(1) いま，コロの一周が1 mとする。石を載せたコロが1回転したとき，石は何m前進するか。

1個2.5 tの巨石

コロが1回転したとき石は？

(2) エジプトの一人の知恵者が，もっと能率のよい台車を考案した。これは現代の車のようなものである。

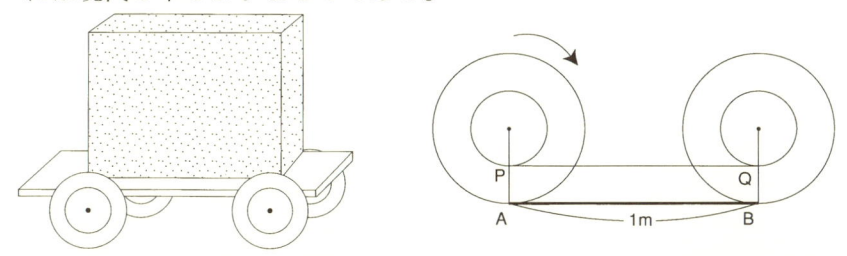

いま，この車輪の1回転を1 mとする。すると右上の図でわかるように，内輪もいっしょに移動するので，1回転の長さはPQで1 mとなる。とすると「大円も小円も周囲が等しい」となるが—。どこがおかしい？

39

QP 6 ピラミッドは正四角錐である。エジプト人は 4 に興味があったのかも知れない。

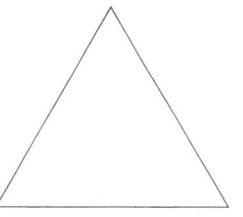

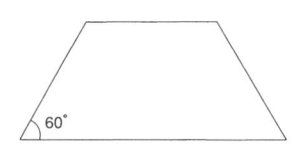

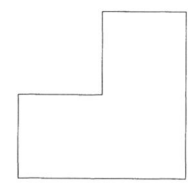

（例）長方形

ここでは図形を合同な形で 4 等分する作図に挑戦してもらおう。

下の (1)～(3) の各図形を合同で 4 等分せよ。

(1) 正三角形　　　(2) 等脚台形　　　(3) グノモン形

正方形の $\frac{3}{4}$ の図

QP 7 ピラミッドの入口には星形模様（五芒星形という）をつけ"魔除け"にしたという。

魔物が入ろうとしてこの図形を見, 目がグルグル回って退散するからである。

魔除け

右の三角形 ABC で, AB 上の 1 点 P から対辺に平行線を引き, 一方の辺に当たるとまた平行線, というようにしてこれをくり返すと, もとの位置にもどる。それはなぜか。

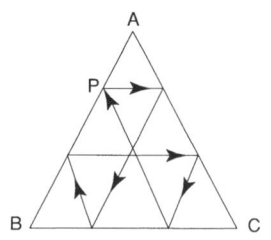

QP 8 旧約聖書に書いてある, アダムとイブのリンゴの木があり, ノアの方舟（はこぶね）があるという町はバビロニア（現イラク, 21 ページ）の「クルナ」という地名である。エジプトにもクルナ（33 ページ）という村がある。ここにはかつて, どんな人たちが住んでいたと思うか。

第4章　インドの砂

広大な敷地の立派なジャンタルマンタル（天文観測所）

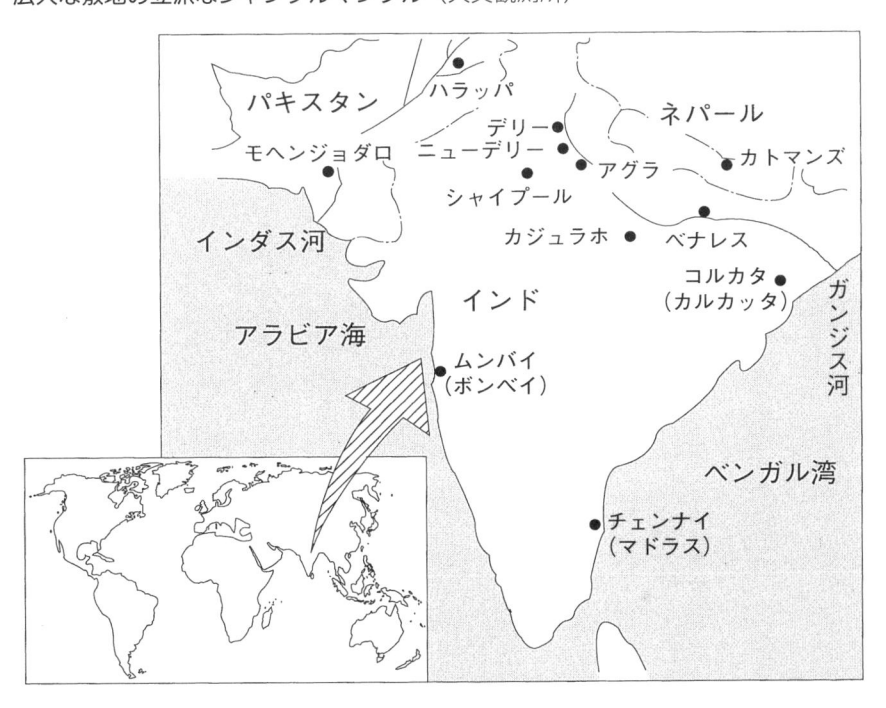

インド人はビックリ！

① 神官は天文学者

(1) インドの変遷史

5000年近いインド文化は，右の表のような王朝の変遷を経ている。この間に

　B.C. 463年　　釈尊(釈迦)誕生
　B.C. 321年　　アレキサンダー
　　　　　　　　大王侵入
　A.D.1221年　　ジンギスカン侵入
　A.D.1858年　　イギリスによる
　　～1947年　　植民地化

という宗教誕生や外敵侵入の刺激があった。

　現在のインド人の宗教の比率は

バラモン教 (固有) ⎰ ヒンドゥー教　83.2％
　　　　　　　　　⎨ 仏教　　　　　 1.0％
　　　　　　　　　⎱ ジャイナ教　　 0.4％

他　宗　教 (外来) ⎰ イスラム教　　11.0％
　　　　　　　　　⎨ キリスト教　　 2.0％
　　　　　　　　　⎱ ユダヤ教　　　 2.4％

時代	王朝と特徴
B.C.2500年	インダス文化
	(ハラッパ / モヘンジョダロ)
B.C.2000年	ヴェーダ時代 (アーリア人)
B.C. 800年	バラモン教成立 (カースト制発生)
B.C. 413年	ナンダ王朝
B.C. 317年	マウルヤ王朝
A.D. 45年	クシャーナ王朝
320年	グプタ王朝 (数学最盛期)
1206年	イスラム諸王朝時代
1526年	ムガール帝国成立
1947年	インド連邦成立

そして社会では現在もカースト制が存在し，階級社会をつくり，就職，結婚などに制限がある。世襲制であるが，種姓が細分化され，区別もゆるやかになってきた。

(2) 詩文と暗誦

このバラモン教成立以来，司祭者（神官）は祭事，農業計画などのため「暦作り」をおこなったが，そのため天文学者を兼ねていた。これは同時に〝数学者〟でもあった。

古代インドの学問は二大叙事詩

『ラーマーヤーナ』（2世紀）
　　王子の武勇物語が主題
『マハーバーラタ』（4世紀）
　　神話，伝説の集録

などにあるように，韻をふんだ詩文形式で表現する習慣があった。

また，多くの場合，〝詩文暗誦による伝承〟ということから，記録として残されたものが少ない。

数学も詩文調の暗誦が多く，計算は板にまいた砂の上でおこなうため，計算方式があまり知られていない。

インド数学の最盛期は5～12世紀であるが，これをさらに花咲かせ，ヨーロッパに伝えたのはアラビア人たちであった。

とりわけ，0の使用，筆算と検算法，あるいは三数法（比の三用法）そしてトンチの「インドの問題」などが，後世の数学に大きな影響を与えた。

―― 昔のカースト制 ――

バラモン（司祭者）
　社会の最上位で星の運行，暦作りなどする
クシャトリア（王様，士族）
　政治や軍事を担当し，社会の秩序を維持する。
ヴァイシャ（庶民）
　農・工・商に従事し，納税の義務を負う。
シュードラ（奴隷）
　最低身分の賤民など

インド人といえば，男はターバン，女はサリー。

② 数の"自由席と指定席"

(1) "数0"の発見はインドの快挙

何もないものを表わす印は
メソポタミア（シュメール人）
メソアメリカ（マヤ人）
など，いくつかの民族で用いている。

インド人が零(れい)を発見‼

というのは印の零でなく，「数の0（zero）」の発見である。

インドが0を数とした証拠は

$a+0=a$　　$a-0=a$

$a\times 0=0$　　$0\div a=0$

など，ふつうの数と同じように0を計算で用いたことによる。

では，ナゼ，インド人が0を考えたか。これについては，

①大乗仏教の色即是空の"空"
②インド哲学の絶対無の"無"
③命数法の数名詞（sūnya）から
④アバクスの計算具（上図）から
⑤数の対称性（正・負の数）から
⑥その他

などの説がある。

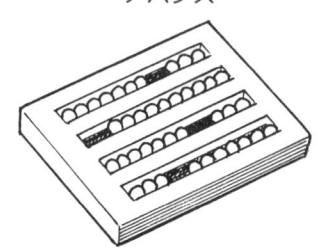

アバクス

大理石にミゾを掘り，小石を動かして計算した。

ロシア
インド ｝を経由

中国算盤「天二地五」

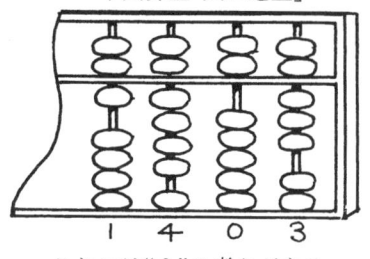

これには"0"の考えがある

算用数字の完成と0

		現在の数字	1	2	3	4	5	6	7	8	9	10
イ ン ド		ブラミー数字 B.C. 3世紀	ー	≈	≋	ᛋ	ի	Ⴠ	ク	࿉	೭	α
		梵字 2世紀	ᚐ	६	३	༤	ཏཱ	༴	༢	☓	༩	A
		10 世紀	໑	౨	౩	४	५	६	౭	८	९	०
ア ラ ビ ア		東方	١	٢	٣	ß	٤	۷	∧	٩	・
		西方グバル数字	1	ҕ	3	٤	५	ʃ	1	?	9	
ヨ ー ロ ッ パ		11 世紀	1	ҕ	ʊ	4	Ʋ	ʌ	8	9	0	
		14 世紀	1	2	3	4	5	6	7	8	9	0
		16 世紀	1	2	3	4	5	6	7	8	9	0

第4章　インドの砂

(2) 桁記号記数法と位取り記数法

数字を並べて数を表わす方法を「記数法」といい，これは大きく2種類ある。

① 桁記号記数法　古代シュメール，エジプト，
　（単位記数法）　ギリシア，ローマの方法

- 長所　書く位置に関係ない
　　　　　𓏤𓏤𓏤|||と|||𓏤𓏤𓏤は同じ
- 短所　位が上がるたびに新しい記号が必要になる。乗除計算不便

② 位取り記数法　インド5世紀頃0が発見さ
　（位置記数法）　れ，それによる。

- 長所　0～9の10数字でどんな大きな数も作れる。
- 短所　数字や表記が慣れるまで難しい上，並びが重要
　　　　308と380，803は異る

(注) 以上から桁記号記数法は**自由席**，位取り記数法は**指定席**とよぶ。

(3) 大・小数の数詞

江戸時代初期の名著『塵劫記（じんこうき）』によって，初めて日本に紹介された大・小数の数詞は，実はインドの仏典から創られ，これが中国を経由し，名著『算法統宗』で日本へ伝えられたものである。

これは右のようなもので大数は4桁，小数は1桁ずつ単位名ができている。

(注)　$10^{-1}=\dfrac{1}{10}$, $10^{-2}=\dfrac{1}{10^2}$ である。

大・小数の数詞

10^{68}	無量大数	仏典『華厳経』より
10^{64}	不可思議	
10^{60}	那由他	
10^{56}	阿僧祇	
10^{52}	恒河沙	
10^{48}	極	
10^{44}	載	
10^{40}	正	
10^{36}	澗	
10^{32}	溝	
10^{28}	穣	
10^{24}	秭	
10^{20}	垓	
10^{16}	京	
10^{12}	兆	
10^{8}	億	
10^{4}	万	
10^{0}	一	
10^{-1}	分	
10^{-2}	厘	
10^{-3}	毛	
10^{-4}	糸	
10^{-5}	忽	
10^{-6}	微	
10^{-7}	繊	

10^{-8}	沙	仏典『華厳経』より
10^{-9}	塵	
10^{-10}	埃	
10^{-11}	渺	
10^{-12}	漠	
10^{-13}	模糊	
10^{-14}	逡巡	
10^{-15}	須臾	
10^{-16}	瞬息	
10^{-17}	弾指	
10^{-18}	刹那	
10^{-19}	六徳	
10^{-20}	虚	
10^{-21}	空	
10^{-22}	清	
10^{-23}	浄	

③　クイズ&パズル&パラドクス

QP 1　インドといえば象ということになる。

現在でも観光客用や木材の運搬，物資の輸送などで活躍している。

その昔，ある王様が象の重さを知りたくなり，「誰か測れる者がいないか」というと，一人の若者が出てきて，見事に象の重さを測ったという。

どのような方法によったのか。

ジャイプールのタクシー "象"

QP 2　「ある王が，敵の象を奪うために最初の日は1日に2ヨージャナ進み，その後1日あたりの道のりをふやしつつ，80ヨージャナを7日間で行軍して敵の城市に到達した。

聡き者よ！

いったい彼はどれだけずつふやして進んだか述べよ。」
インドの文章題では，読者に"呼びかけ"形式のものが多い。
ではこれを解け。（ヨージャナとは長さの単位）

QP 3　「子鹿の眼をした愛らしき乙女よ！！　次の蜂の群の数をいえ。群の $\frac{1}{5}$ がカダンバの花に行き，$\frac{1}{3}$ がリーンドラの花へ，またその両方の差の3倍がクタジャの花へ行った。残ったもう1匹の蜂は，ケータキーとマーラティーの花の香に右往左往している。」蜂の数は何匹か。

第4章 インドの砂

QP 4 0に注目して，下の計算をせよ。

日常でも"0"が登場!!

ベア・ゼロに熱弁
資産「ゼロ」
社員ゼロの出発
住専負担ゼロ

都内で次々開業する「シングルゼロ」ホテル
自治体「ゼロ」議会は，なお60％
女性議員、じわり増える
日本支持発言ゼロ
ゼロの焦点
8回0封
隔絶感ゼロ

(1) 30
　　+20

(2) 50
　　+18

(3) 40
　　−10

(4) 70
　　−24

(5) 60
　　×40

(6) 20
　　×31

(7) 8)‾0‾

(8) 0)‾9‾

(9) 0)‾0‾

QP 5 恋人同士が，いよいよ結婚することになった。女性が男性に預金がいくらか聞いた。

男「銀行に100万円あるよ」

女「スゴイ!!」

男「でもA君に200万円，B君に300万円の借金があるんだ」

女「ナアーンダ。結婚やめようかナ」

男「何いっているんだよ。数学で習っただろう。

　　$(-)×(-)=(+)$

　　つまり，2回の借金は財産サ！」

女「？？？」

$(-)×(-)=(+)$ が成り立つことは6世紀のアールヤバタがその著書で説明している。この妙な会話を正し，式を説明せよ。

QP 6 ヨーロッパでは『インドの問題』と呼ばれる数々の問題があり，多くの人たちから好んで解かれている。これは15，6

世紀頃，ヨーロッパへアラビア経由でインドの数学がドッと輸入されたとき，その中で，「トンチやユーモア，奇知に豊んだ楽しく一見やさしくて考える問題」に対してヨーロッパ人たちが名付けたものである。ここでは，そのいくつかを紹介しよう。

(1) オス，メスのロバの会話

メス「ぶどう酒が重くてしょうがないワ」
オス「もうじきだからがまんしなさい」
メス「1本そっちに入れてよ」
オス「1本もらうと，わしはお前の2倍の本
　　　数になる。
　　　反対にわしからお前に1本やると，
　　　同じ本数になるんだ」

さて，オス，メスがそれぞれ背負っているぶどう酒の本数を求めよ。

(2) 猿とマンゴー

3人で1匹の猿を飼っていた。マンゴーを何個か買い別々にえさをやることにした。

最初の人は，マンゴーを1個猿にやり，残りの $\frac{1}{3}$ を自分でとり，$\frac{2}{3}$ を残しておいた。次の人も残りのマンゴーのうち1個を猿にやり，残りの $\frac{1}{3}$ を自分がとり，$\frac{2}{3}$ を残しておいた。そうして最後の1人も，いま残っているマンゴーの中の1個を猿にやり，$\frac{1}{3}$ を自分がとり，$\frac{2}{3}$ を残しておいた。

翌日，3人いっしょに猿のところへいき，残りのマンゴーから1個やったところ，その残りは3人が等分に分けることができた。

初め，マンゴーはいくつあったのか。(最小の数で答えよ。)

(3) 王子とダイヤモンド

王子を何人ももつインドの王様が，自分のダイヤを全員に配ることに

した。

第1王子には，全体の中から

$$1個とその残りの \frac{1}{7}$$

第2王子には，2個とその残りの $\frac{1}{7}$

第3王子には，3個とその残りの $\frac{1}{7}$

　　　　　………………
　　　　　………………

というように分けた。

あとで調べたら，王子全員がダイヤの個数が同じであった。王子の人数とダイヤモンドの個数を求めよ。

(4) ラクダ17頭の分配

ラクダを17頭もつ人が3人の息子に右の比率でラクダを分配せよ，と遺言して死んだ。

分配率 { 長男　全体の $\frac{1}{2}$ / 次男　全体の $\frac{1}{3}$ / 三男　全体の $\frac{1}{9}$ }

いざ，分配となると，17は2でも，3でも，9でもわれない。

困った末，近くの知恵者のお坊さんに相談にいったところ，1頭を貸してくれて，「18頭にして分けよ」といった。

その結果はどうなったか。また，何かおかしくないか。

(5) 男女の双生児

金持ちが，妊娠(にんしん)している妻に次の遺言をして死んだ。

「愛する妻よ！　生まれた子が男なら遺産の $\frac{2}{3}$ をその子に，残りをあなたがとれ。もし女なら $\frac{2}{5}$ を与えて，残りをあなたがとれ」

と。ところが生まれたのは男女の双生児であった。

この3人はどのような割合で遺産を分配したらよいか。

QP 7 赤い鳥や水さぎが水上にひしめく池で，水面から1ヴィタスティ上のところにみられた蓮のつぼみの先端が風に打たれて動かされ，2ハスタだけ離れた点で水に没した。数学者よ‼ すぐに水の深さを求めよ。（1ヴィタスティ＝$\frac{1}{2}$ハスタ）

QP 8 正直村と嘘つき村とが隣り合っていて，人々はたがいに往き来できる。

旅人がここを通りかかり，どちらかの村にいることは，はっきりしている。たまたま通りかかった村人に，「いま自分がどちらの村にいるのか」を聞くことにした。

ただ1回の質問だけでどちらかを決めたいが，どのような質問をしたらよいか。

ただし，正直村の人は絶対嘘をつかず，嘘つき村の人は絶対正直なことはいわない。

QP 9 インドの若く，美男子の僧侶演若達多は，毎朝鏡を見るとき，鏡に映る自分の顔にホホエミかけ，満足していた。

ところがある朝，鏡に自分の顔が映らないので，"頭がなくなった"と思い，「俺の頭はどこだ，どこだ！」と部屋の内外を探し回ったがみあたらない。

実は，あわてものの達多は鏡の裏を見ていたので，当然，顔が映らなかったのダッタ！

さて，彼が"自分の頭"がちゃんと存在することを発見したのは，どういうことによってであろうか。

第5章　中国の竹

```
九九八十一  八八六十四  五七卅五  二六十二  二三而六
八九七十二  七八五十六  四七廿八  五五廿五  二二而四
七九六十三  六八四十八  三七廿一  四五二十
  五八四十            三五十五
```

敦煌出土のものの中に"竹簡"に書かれた九九表があった

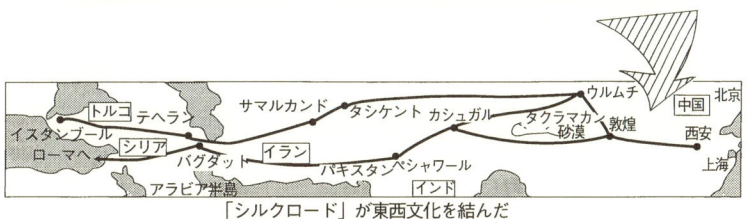

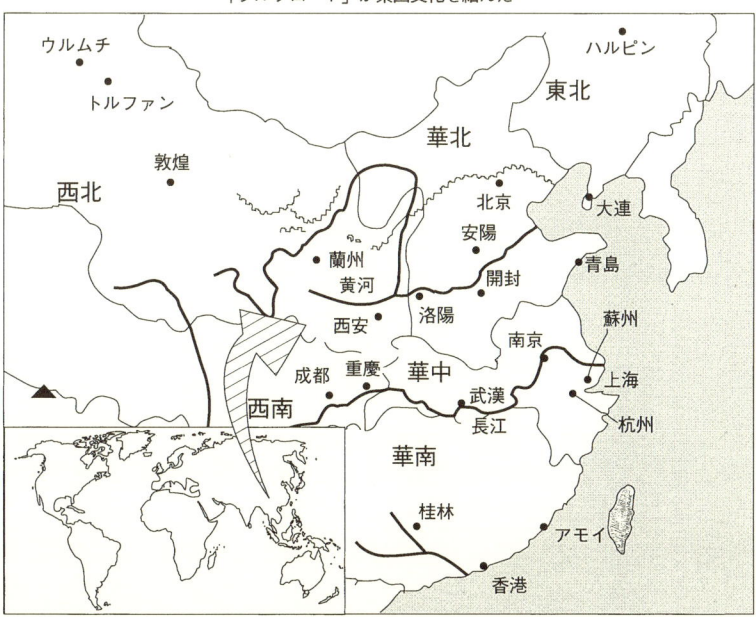

「シルクロード」が東西文化を結んだ

① 春秋戦国時代と諸子百家

(1) 古代中国の社会

世界四大文化の1つである黄河文化に対し，最近，長江（揚子江）文化の存在が話題になっている。

この流域である浙江省から7000年前の遺跡が発見されたほか，四川省，湖北省，江西省などからも遺跡が発掘されている。

これまで知られた文化は右表のようである。

文化史上，活発でしかも資料が残されているのは"春秋戦国時代"以後のことで，右表のように孔子を出発点として諸子百家の誕生，発展があるが，これはふしぎなことに戦国の世と深い関係がある。

戦乱になぜ論理か？

古代中国文化

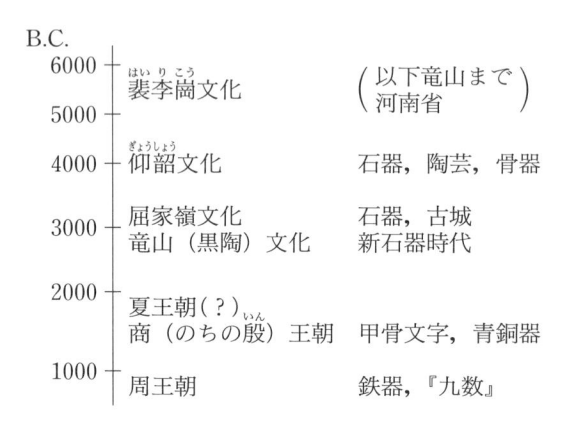

B.C.		
6000	裴李崗（はいりこう）文化	（以下竜山まで河南省）
5000		
4000	仰韶（ぎょうしょう）文化	石器，陶芸，骨器
3000	屈家嶺文化 竜山（黒陶）文化	石器，古城 新石器時代
2000	夏王朝（?） 商（のちの殷（いん））王朝	甲骨文字，青銅器
1000	周王朝	鉄器，『九数』

春秋戦国時代

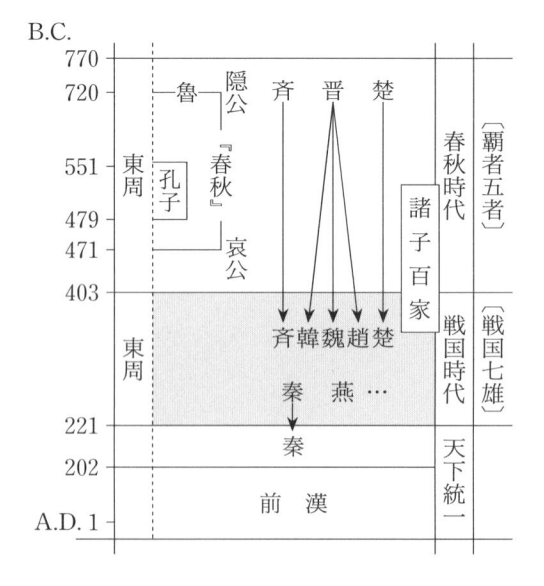

B.C.				
770	東周	魯―隠公 『春秋』 孔子 ―哀公	斉 晋 楚	春秋時代 〔覇者五者〕
720				
551				
479				諸子百家
471				
403	東周		斉 韓 魏 趙 楚 秦 燕 …	戦国時代 〔戦国七雄〕
221			秦	天下統一
202			前 漢	
A.D. 1				

(2) 諸子百家と四書五経

春秋戦国時代は，多くの覇者，国王が領土拡大の戦争に明け暮れしていた。そこで君主を導き，戦略に勝ち，国を治めるためには，論理に秀れ，説得力や戦術の知恵にたけた人材の確保が重要であった。

> 諸子百家の代表
> 儒家―孔子，孟子，荀子
> 墨家―墨子，随巣子
> 道家―老子，＊荘子（『無用の用』）
> 名家―＊公孫竜（『白馬論』）
> 法家―李悝（りかい），＊韓非子（『矛盾』）
> 他

こうした社会的な要求から生まれたのが，いわゆる論客集団〝諸子百家〟である。

右の各家では，やがて2つの対立する派が生じ，

(1) 正論派――儒家，法家，陰陽家など

　仁義礼楽や君主中心などを説き，官僚制をすすめ兵法も論じる。

(2) 詭弁派――墨家，名家，道家など

　身分秩序や天命の考えを否定，無為，自然を尊び，詭弁を学ぶ。

(1)は「立身出世で，高い地位につく」ことを目標としたのに対し，(2)は「野にあって世を批判的に見る」ことをよしとした。

そこでよくこんな言葉が用いられた。〝昼働くときは儒家的に，夜一杯やってくつろぐときは道家的に〟と。

四書（道徳）{ 論語 孟子 大学 中庸　　五経（学問）{ 春秋 書 礼 易 詩

後世，官僚階級が教養書として必読されたのが『四書五経』であるが，これは，諸子百家などからつくられたものである。

漢の武帝のときには，五経博士がおかれ，『五経』は学問の中心になる。

中国の国家試験で有名なものに『科挙』（科目別選挙）があったが，これは6世紀隋代から19世紀清代まで約1300年間も続いた。

② 名著『算経十書』

(1) 中国社会と数学

古代エジプトの4000年程前の数学レベルが『アーメス・パピルス』によって知ることができるように，古代中国の2000年程前の数学レベルは『九章算術』（紀元1世紀頃，著者不明）によって明らかになる。

これは下のような9つの巻（章）からできているが，内容からわかるように，"数学百科事典"といったものである。

これらのベースには，日時計からの暦，測量器具の『規矩準縄』がある。

(注)規はコンパス，矩は直角定木，準は水準器，縄は巻尺のこと。

また，伝統的な論理がある。ただし，ギリシアのような論証幾何はみられない。

```
         『九章算術』の巻と内容
   巻一方田    田畑の面積計算
   巻二粟米    穀物や貨物の計算
   巻三衰分    比や比例，比例配分
   巻四少広    開平(平方根)，開立
   巻五商功    土木工事，円柱，円錐
   巻六均輸    租税や輸送
   巻七盈不足  過不足算のこと
   巻八方程    連立方程式の文章題
   巻九句股    三平方の定理と応用
```

九章算術巻九
句股　以御高深廣遠
(一) 今有句三尺、股四尺、問為弦幾何？
　　答曰：五尺。
(二) 今有弦五尺、句三尺、問為股幾何？
　　答曰：四尺。
(三) 今有股四尺、弦五尺、問為句幾何？
　　答曰：三尺。

（中国原本のコピー）

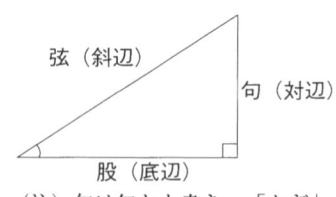

弦（斜辺）
句（対辺）
股（底辺）

(注) 句は勾とも書き，「かぎ」のこと。荅は答の古字

(2) 『算経十書』と数学用語

中国数学の代表的なものを集めた『算経十書』は，唐の時代に整理したもので，その後の中国数学の発展に大きな影響を与えた。

また，遣唐使などによって日本へも伝達されている。

そうしたいきさつから，現代の日本の数学用語に中国伝来語が多い。たとえば，

数学，有理数，虚数，統計

など，数えあげるときりがないほどであり，代表的な用語を例としよう。

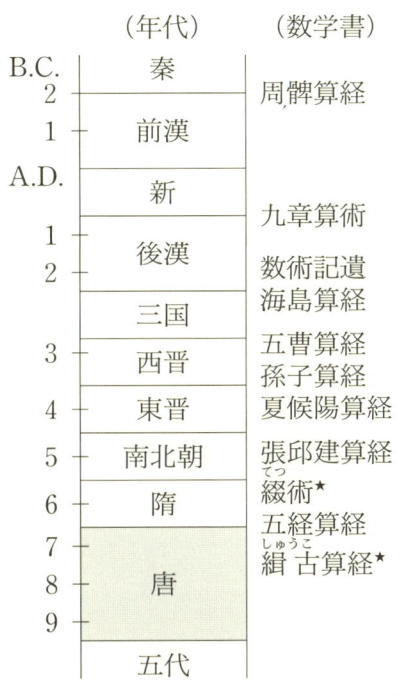

(年代)		(数学書)
B.C. 2	秦	周髀算経
1	前漢	
A.D.	新	九章算術
1		
2	後漢	数術記遺
	三国	海島算経
3	西晋	五曹算経
		孫子算経
4	東晋	夏候陽算経
5	南北朝	張邱建算経
6	隋	綴術★
		五経算経
7		緝古算経★
8	唐	
9		
	五代	

(**注**) 綴術(円周率など)はあまりに難解のため，途中で緝古算経に代った。

主な用語の語源

幾何——1607年徐光啓とイタリア人マテオリッチがユークリッドの『原本』の中国訳本を作るとき，geometryのgeoと音が似てしかも求積に関係のある「幾何」の語を使用したものに始まる。

代数——1859年李善蘭がド・モルガンのElement of Algebraを訳すときにこの語を当てた。

関数——英語function（機能，作用）を中国語に訳すとき，その音から函数（ファンスー）とした。わが国では戦後，教育漢字制限から関数としこれが定着した。

方程式——中国の名著『九章算術』（紀元1世紀頃）の第八章方程からの語で，方程式は日本語で中国では現在でも方程を用い，英語ではequation（「等しい」からの語）

③　クイズ＆パズル＆パラドクス

QP 1　酒好きの2人が仲よく酒を飲んでいたが，次第に酒が回り，笑い上戸（じょうご）は笑い出し，泣き上戸の方は泣き出した。

さて，どちらの方が飲んだ量が多いか。

QP 2　斉の名君桓公（かんこう）は自国を強力にするため，芸に秀でた者を採用する，として人材を公募したが，一向に人が集まらなかった。

するととある日一人の若者が応募してきたのでその特技を聞くと，

「私は九九が唱（とな）えられる」

と答えた。彼はその後なんと続けたか。また桓公はどうしたか。

QP 3　中国といえば漢字の民族。日本のルーツでもある。この漢字について，(1)〜(4)の仲間の共通点，つまりルールの発見をしよう。また，それをもとに□をうめてもらいたい。

(1)　一　八　三　六　四　百　□　……ルール（　　　）
(2)　字　紐　演　卵　農　巻　□　……ルール（　　　）
(3)　望　灯　泉　桜　針　走　□　……ルール（　　　）
(4)　山　町　力　楽　雲　森　□　……ルール（　　　）

(参考)中国は音にこだわり，結婚祝いに時計，靴はそれぞれ終，邪と同じ発音のため贈物にしないという。一般に，対（つい）(偶数)の品がよろこばれる。

第5章　中国の竹

QP 4　右は有名な数字と漢字の，おもしろい連続四字熟語である。

　　一石二鳥
　　二人三脚
　　三寒四温
　　四書五経
　　五臓六腑
　　………

「朝三暮四」もまた有名な四字熟語で，これは古代中国の狙公の寓語で，彼がたくさんの猿を飼っていたところ，急に貧乏になったため，猿にやる〝えさ〟の木の実を減らすことにした。そして猿に対し，

「お前たちに木の実を朝3つ，夕方4つやることにする」

といった。すると猿たちは怒った。

そこで狙公はなんといって猿たちを満足させたか。

(参考)「一無，二少，三多」「一慢二看三通過」など，中国では調子よい「リズム用語」を用いる。これらはどんな意味か，考えよう。

QP 5　私には親が2人いる。

私の親にもまた，それぞれ2人の親がいて，またその親たちにも2人の親がいて，……ということで，この数を計算すると，下のようになり，10代前では1024人という大変な人数になる。

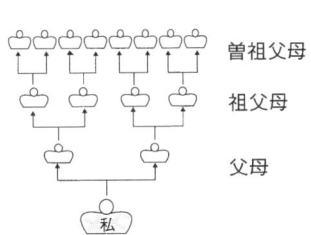

私　1代前　2代前　3代前　……　10代前
1　　2^1　　2^2　　2^3　　……　$\underline{2^{10}}$　(1024)

ふつう，1世代30年というので10代前は300年前ということになり，これは徳川綱吉（犬公方）の頃。そのときが，いまの日本の人口の約1000倍ということになる。

つまり，1000億余人となるが，実は当時の人口は3000万人ぐらいだった。さて，どこがおかしいのか。

QP 6 中国では〝9〟を「皇帝の数」という。基数1～9の中で最大だからである。

有名な北京の『故宮(こきゅう)』などの皇帝の宮殿の大きな扉には，たて9個，横9個の鋲が打ってあるし，天壇公園の圓丘壇(えんきゅうだん)の敷石も9の倍数で同心円の円形がつくられている。

数学上でも9は興味深い性質があるので，それを調べてみよう。

皇帝の門の鋲は 9×9

(1) 次の計算をせよ。

① 12345679
   ×   9

② 12345679
   ×   18

③ 12345679
   ×   27

④ 12345679
   ×   36

電卓を使う？イヤイヤ不用だ

(2) 次の余りはいくつか。

① 9) 4826

② 9) 20754

③ 9) 84965

(注)ある数を9でわるときの「余り」は，じっさいにわらなくても簡単に求められる。(88ページ)

QP 7 9月9日を中国では，暦上〝重陽(ちょうよう)〟とよんでいる。その他，1月7日，3月3日，5月5日，7月7日とで五節句という。マージャンなどで，サイコロを2個投げ同じ目が出たとき「ゾロ目（そろい目）」というが，ゾロ目になる確率を求めよ。

QP 8

中国といえば"魔方陣"がパズルの代表といえよう。

これには次の伝説がある。

"聖帝「禹(う)」の時代に,黄河(洛水)から大きな神亀が出て,その亀の甲羅にあった図から下のような数の表が読みとれたことに由来する。

大魔方陣

2	9	4
7	5	3
6	1	8

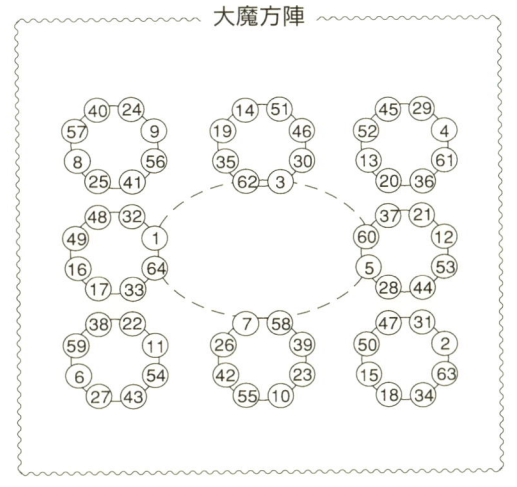

(注)上は1〜64のすべての数を使い,
小円の8個の和はみな260,
大円(点線)の8個の和も260
－中国の図書より－

これは,たて,横,斜めのどの3数字の和も等しいことから悪魔を退散させる魔力があると考えられ,魔法の方陣から"魔方陣"と名付けられた。上のはマス目から三方陣ともよばれ,その他,四方陣,五方陣,……,さらに円陣(上図),星陣などがある。

次の魔方陣を解け。

①三方陣 0〜8を入れよ。

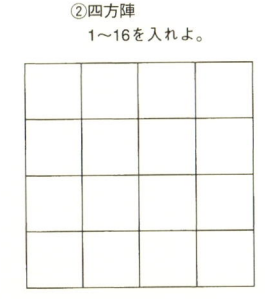

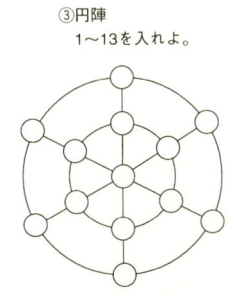

②四方陣 1〜16を入れよ。

③円陣 1〜13を入れよ。

これはやがて数の神秘思想につながり,占いや易へと発展していった。

QP 9 16世紀の占星術者コルネリウス・アグリッパは，右のように，惑星と結びつけ，ドイツの画家デューラーは銅版画『メランコリア』の中で四方陣を描いている。下のものは，中国の本の中の一ページである。2つの魔方陣を解け。

これは相当な難問，一週間かかるかな。中国人に負けないようがんばろう。

```
三方陣―土星
四方陣―木星
五方陣―火星
六方陣―太陽
七方陣―金星
八方陣―水星
九方陣―月
```

填数字游戏

这里放着两个对称图,请你将 1—13 几个数,巧填在图的小圈内,使它每个椭圆形上的数字之和皆为 42；再请你将 1—24 几个数,填进图的小圈内,使它每个六边形上的数字之和皆为 75。请你想想看,怎样填？　（答案在本月内找）

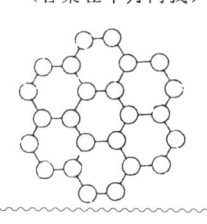

QP 10 中国パズルで有名なもう1つに「タングラム」がある。これは右のように正方形を7つの切片（チップ）に分け，これを並べて，いろいろな図や絵をつくる図形遊びである。

さて，右の(1), (2)はソックリであるが，(2)の方は足がある。

切片をつくり，右の絵をつくってそのふしぎを発見せよ。

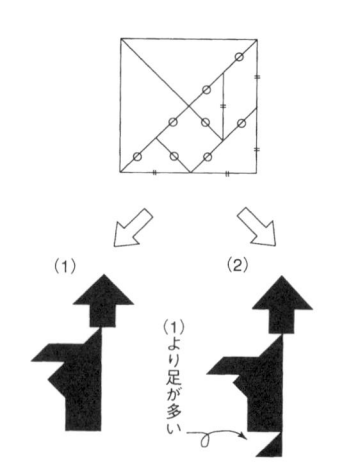

(1)
(2)
(1)より足が多い

第6章　ギリシアの度

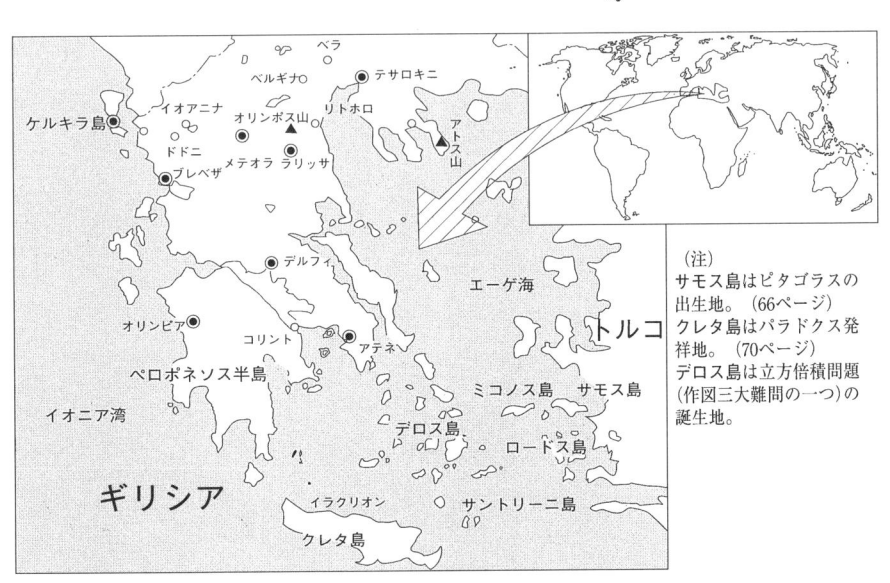

(注)
サモス島はピタゴラスの出生地。（66ページ）
クレタ島はパラドクス発祥地。（70ページ）
デロス島は立方倍積問題（作図三大難問の一つ）の誕生地。

① 三学四科とソフィスト

(1) 古代ギリシア教育は"音楽と体育"

ギリシア民族は、ペロポネソス半島の南部山地に定住し、貧しい生活をしていたが、やがて豊かな生活を求めて地中海へと進出した。

発展のためには、強大な軍事力が必要で、彼等の教育は、戦闘的技術を身につけるため、体操を重視すると共に、士気を鼓舞することから神話や詩、音楽が指導された。つまり、これは"肉体と魂"の教育といえる。

その結果、領土を広げ近隣に多くの植民地を手に入れ、豊かな生活の中で高度な文化が建設されていったのである。

盛期のカリキュラム

年齢＼内容	音楽	体育
7～18歳	読み方 書き方，詩 算術，天文 音楽 初歩の地理	体操
18～20歳	文法学 修辞学 詩	弓術，槍術 遊泳，航海 馬術，相撲

（盛期は B.C. 5 世紀頃から）

彼等の特徴は"都市国家（ポリス）"で、その代表がアテネ、スパルタなどである。そして、日常・経済生活は多くの奴隷にまかせ、戦争することと、ポリスの民主主義社会の維持、植民地の管理に力をつくしたが、そのためには、弁論術、修辞学、政治学、天文学、地理学などを学ぶ必要があり、盛期には上のような内容が教育された。古代ギリシア後期のカリキュラムでは「体育」がなくなるが、そのために滅亡した（紀元4世紀）、といわれる。

(2) 民主主義と三学四科

古代ギリシアでは，奴隷を除くと，国民全体が参加した民主主義社会であったという。

この運営は，力によるのではなく弁論が制するので，右の有名な〝7自由科〟が学ばれた。

また庶民のためには『ソフィスト』（智者）とよばれた町の教育者が街頭で教育活動をしたという。

この七自由科は，ギリシア文化を承継したローマの社会でも尊重され，さらに中世のキリスト教全盛時代では僧院学校や修道院などでも学ばれた。

```
─────── 七自由科 ───────

        ┌ 論理学―筋道を通す
   三学 ┤ 修辞学―美しく述べる
        └ 文法学―正しい表現

        ┌ 算術―数と計算
        │ 幾何―図形と求積
   四科 ┤
        │ 音楽―動く数
        └ 天文―動く図形
```

古代文化民族で〝論理〟を重視したのは，前章の中国とこのギリシアであるが，その動機や必要性はまったく異なったものなのに，ほぼ同じ時期に発生したのは大変興味深いことである。

　中　　国　紀元前6世紀孔子から約400年間で，戦争領土拡大
　ギリシア　紀元前6世紀ターレスから約300年間で，平和な民主主義

しかも，両者とも上のあとの後期に入ると詭弁（パラドクス）へと進んでいく共通性がある。

かつて町の人々の教育者であったソフィストも次第に堕落し，後世に入ると，尊敬からやがて「詭弁家」と軽べつされたという。

② 学問の典型『原論』

(1) "学問の完成" 三百年説

数学の世界では，最初の山は古代ギリシアの業績で，その代表が紀元前3世紀に著作された『原論』，通称『ユークリッド幾何学』である。

これは後世，数学界だけでなく，全学問の典型として，大きな影響を与えたほどのものであるが，その特徴は次ページで述べることにしたい。

『原論』は右年表でわかるように，数学の開祖ターレスから300年間の多くの数学者（幾何学者が主）の研究蓄積されたものを整理，体系化し，大集成したものである。

途中，ソフィストたちによるユサブリなどもあって一層厳密なものができ上がったといえるが，この大作業はとうてい1個人がなし得るものでなく，「ユークリッド」は研究集団の名であろう，とさえいわれている。

わが国の江戸時代の数学『和算』も300年を要しているので，1つの学問の創作には300年かかるのであろう。

著名数学者

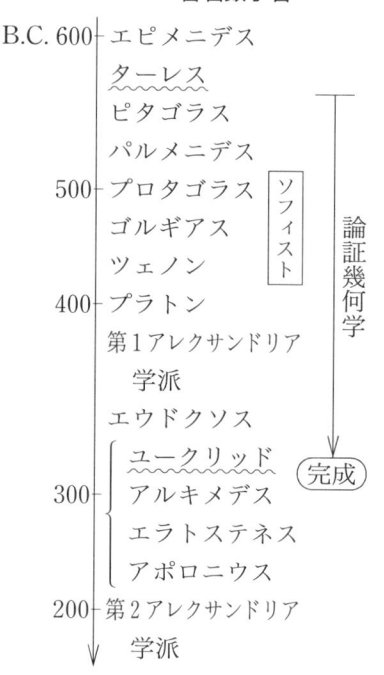

```
B.C.600 ─ エピメニデス
         ターレス          ┐
         ピタゴラス        │
         パルメニデス      │
    500 ─ プロタゴラス  ┐ │
         ゴルギアス   ソ │ 論
         ツェノン    フ │ 証
    400 ─ プラトン    ィ │ 幾
         第1アレクサンドリア ス │ 何
           学派           ┘ │ 学
         エウドクソス        │
    300 ─┌ユークリッド ～～ 完成
         │アルキメデス
         │エラトステネス
         └アポロニウス
    200 ─ 第2アレクサンドリア
           学派
     ↓
```

学派の流れ

- (1) イオニア学派
- (2) ピタゴラス学派
- (3) エレア学派
- (4) プラトン派
- (5) 第1アレクサンドリア学派
- (6) 第2アレクサンドリア学派

(2) 『原論』の構成と内容

「足の速いアキレスが遅い亀を追いこせない」(アキレスと亀) で有名な,『ツェノンの4つの逆説』(紀元前4世紀) によって, 前進をしていた幾何学の世界に,"変化, 運動, 分割, 連続, 時間"などという不可解なもので,「矛盾」というユサブリがかけられた。これを回避するために, プラトンらが"不変, 静的, 固定"を数学の対象とした上, 用語も厳格に定義することにしたのである。

学問の組み立て

定義 → 公準(公理), 共通概念(基本性質) → 定理(命題)
(約束の部分=問答無用)

「点」とは位置のみあって大きさのないもの
「線」とは幅のない長さである
などがそれである。

その後の問答無用の公理や基本性質を設定し,「命題の証明」という展開をしてゆき, "学問"としたのである。

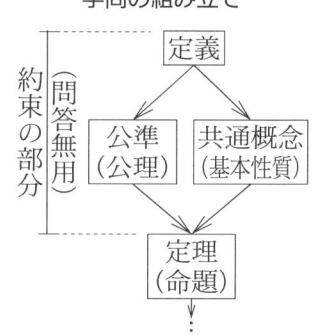

――――― 『原論』(ストイケイア) の内容と材料 ―――――

第1巻	三角形の合同など	(ターレス, ピタゴラスの定理)
第2巻	幾何学的代数	(メナイクモスの研究)
第3巻	円論	(ソフィスト, プラトンの円)
第4巻	内接・外接多角形	(アンティポンの正多角形)
第5巻	比例論	(ヒポクラテス, エウドクソスの比例)
第6巻	相似形論	(ターレス, ピタゴラスの相似)
第7〜9巻	整数論	(ピタゴラスの整数)
第10巻	無理数論	(テァイテトス, エウドクソスの研究)
第11巻	立体幾何	(エウドクソスの研究)
第12巻	体積論	(エウドクソスの体積)
第13巻	正多面体	(プラトン, テァイテトスの多面体)

③ クイズ＆パズル＆パラドクス

QP 1　A，B，C，D，E の 5 人が 100 m 競走をしたが，終わったあとで順位を 5 人に聞いたところ，次のように答えた。
　みなが 1 つだけウソを言っているとするとき，5 人の正しい順位を求めよ。

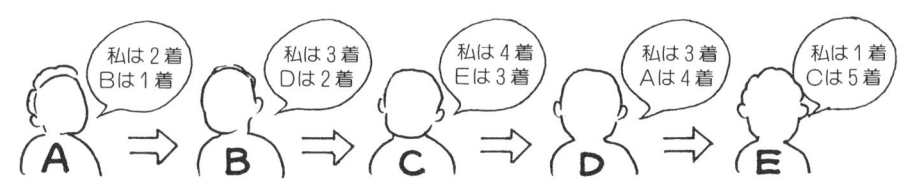

- A：私は 2 着　B は 1 着
- B：私は 3 着　D は 2 着
- C：私は 4 着　E は 3 着
- D：私は 3 着　A は 4 着
- E：私は 1 着　C は 5 着

QP 2　黒の碁石が 9 個，右のように正方形状に並べられてある。いま，4 本の直線を引いて 9 つの碁石全部を通るようにするには，どのようにすればよいか。ただし，直線はつながった一筆で描くこと。

QP 3　「三平方の定理」，昔の「ピタゴラスの定理」で有名なピタゴラスは，"万物は数である"という数への神秘思想をもっていた。数をその性質で分類し，たとえば
偶数，奇数，
素数，合成数，三角数，……。

　右はダンゴを四角錐状に重ねたものである。下段の 1 辺が 5 個のとき総数はいくつか。

第6章　ギリシアの皮

QP 4　ピタゴラスは，"6"が次の性質をもっていることから"完全数"とよんだ。

　　$6 = 1 + 2 + 3$　　$6 = 1 \times 2 \times 3$

　これに関連して不足数，過剰数というものも考えた。右の例をみて，それぞれ2つずつ数を示せ。

（注）このとき，その数自身は約数に入れない。

不足数	約数の和が元の数より小さいもの（例）$8 > 1 + 2 + 4$
完全数	約数の和が元の数と等しいもの（例）$6 = 1 + 2 + 3$
過剰数	約数の和が元の数より大きいもの（例）$12 < 1 + 2 + 3 + 4 + 6$

QP 5　古代ギリシアの時代では，現代のような紙がないため，薄くなめした皮を用いたりした。

　いま右のように，3巻の本が並べてあり，どれも中身の厚さは5cm，表紙が1cmである。これを虫がⅠ巻の1ページからⅢ巻の最後のページまで真直ぐ穴をあけたが，この穴の全長は何cmか。

QP 6　紀元3世紀の古代ギリシアで数少ない代数学者ディオファントスのお墓に，次のような碑文があった，という伝説がある。

「旅人よ!!　この下にはディオファントスの霊が眠っている。

　生涯の$\frac{1}{6}$を幼年時代，$\frac{1}{12}$を少年時代，$\frac{1}{7}$を青年時代として過ごし，さらに彼は結婚して5年後に子供が生まれ，その子は父より4年前に，父の年齢（寿命）の半分でこの世を去った」

　ディオファントスは何歳で死んだのか？

（参考）　ディオファントスは方程式研究家として有名である。

QP 7 ユークリッドと同時代の数学者，物理学者のアルキメデスは円や球に異常なほどの興味をもった。

彼は円の研究中ローマ兵に刺し殺されたが，ローマのマルセルス将軍は，彼の業績をたたえ生前好んだ右の図形を墓にした。

球と円柱の表面積，体積の比を求めよ。

(参考) 円周率 π の記号は，円周のギリシア語 $\pi\varepsilon\rho\iota\varphi\varepsilon\rho\varepsilon\iota\alpha$（ペリフェレア）から。

QP 8 作図の中に「等積変形」というものがある。

面積を変えないで形を変える作図で，右の方法がその基本作図である。

これを参考にして，下のおのおのを作図せよ。

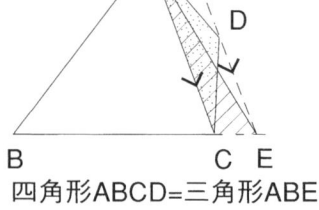

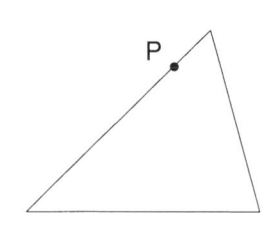

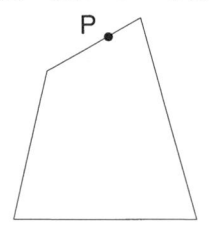

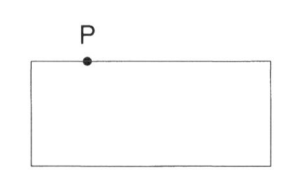

四角形ABCD＝三角形ABE

(1) 点Pで二等分　　(2) 点Pで二等分　　(3) 点Pで三等分

QP 9 ある人が家Aから川を渡って井戸Bまで行くのに，便利よくするため橋をかけることにした。

折れ線APQBを最短にする橋の位置を作図せよ。

ただし，橋は川に直角とし，橋の幅は考えないものとする。

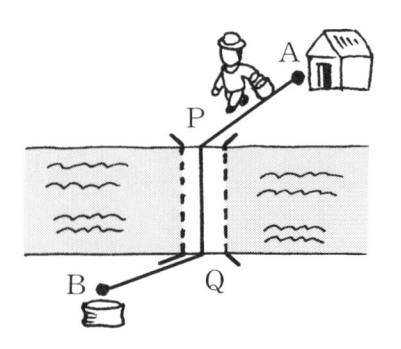

第6章 ギリシアの皮

QP 10 "黄金比"，中世ヨーロッパでは"神の比例"とよばれた比が 1.6：1（あるいは 1：0.6）

というもので，美しい比として彫刻，絵画，建築などのほか，身近な家具やテーブルなどにも用いられるものである。

これは，ピタゴラス学派で校章とした五芒星形の右図で AP：PB がその比であり，彼の100年後の比例学者エウドクソスが理論的に計算している。

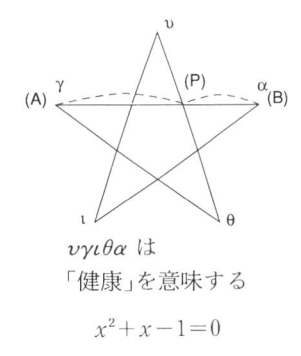

$\nu\gamma\iota\theta\alpha$ は「健康」を意味する

$x^2 + x - 1 = 0$

それは右の二次方程式の解である。ここでは計算の簡単な右の 1 だけでできた「美しい連分数」から値を出してもらうことにする。

「美しい比は，美しい式からできている‼」

そのモデルのようなものであろう。

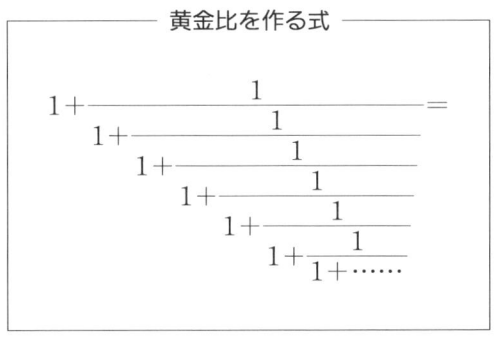

――― 黄金比を作る式 ―――

$$1+\cfrac{1}{1+\cfrac{1}{1+\cfrac{1}{1+\cfrac{1}{1+\cfrac{1}{1+\cfrac{1}{1+\cdots\cdots}}}}}} =$$

(注) 上の式で「……」をとり有限で計算せよ。

QP 11 古今東西，ニセ札作りの犯罪があとを絶たない。

その代表が1万円札10枚を11枚とする技である。

そのアイディアを拝借して，右の4本の線のある紙を1回切って5本にせよ。

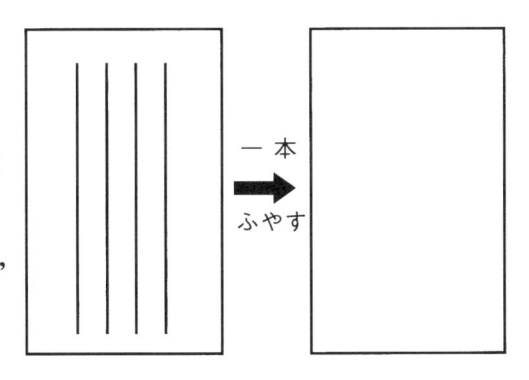

一本ふやす

QP 12 詭弁，つまりパラドクスとは Para — dox
                                    反   通説

ということであり，歴史的には紀元前6世紀クレタ島の詩人エピメニデスの述べた

「クレタ人はみな嘘つきである」

に始まる，という。

この自己矛盾，循環論法を説明せよ。

この張紙も貼れない？

QP 13 数学の中には，パラドクスがたくさんある。

パラドクスとは，正しいようで誤り，誤りのようで正しいものである。

右の式の展開，変形では，

前提が $a>b$，結論が $a=b$

と矛盾がおきている。

さて，どこがおかしいのか。

$a>b$ とし，
$a=b+c$ とおく。
いま，両辺に $(a-b)$ をかけ
$$a(a-b)=(b+c)(a-b)$$
両辺を展開して
$$a^2-ab=ab+ac-b^2-bc$$
$$a^2-ab-ac=ab-b^2-bc$$
$$a(a-b-c)=b(a-b-c)$$
両辺を $(a-b-c)$ でわると
$$\therefore \quad a=b$$

QP 14 図形パラドクスもいろいろある。

右の(1)の図では，A〜Dの図形とボールの図とがある。

いま，BとDとを入れかえると，アラ!! ふしぎ。

ボールが飛んで抜けてしまうのである。2つの図を入れかえるだけで面積が減る，どこに原因があるのか。

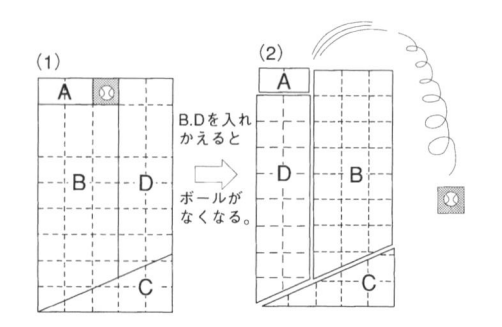

(1) → B.Dを入れかえるとボールがなくなる。 (2)

第7章　アラビアの壺

『千一夜物語』は王妃に裏切られ女性不信になった王をいのちがけで改心させた大臣の娘『シェヘラザード』の物語集

魔法のアラジンのお話です

おもしろい

イスラム帝国（8世紀）

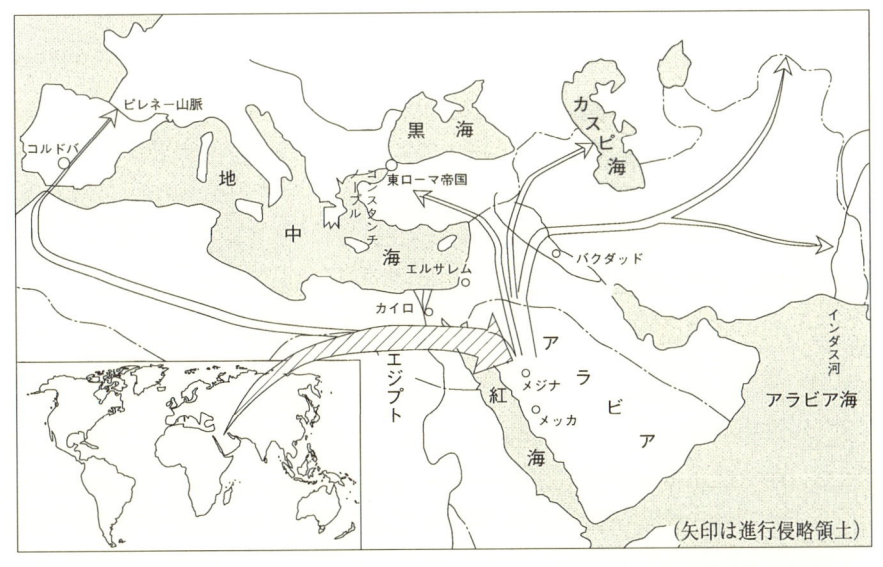

ピレネー山脈
コルドバ
地中海
黒海
カスピ海
東ローマ帝国
コンスタンチノープル
エルサレム
バグダッド
カイロ
エジプト
紅海
メジナ
メッカ
アラビア
インダス河
アラビア海

（矢印は進行侵略領土）

① 『千一夜物語』の国

(1) 右手に剣，左手にコーラン

　上の言葉は，被征服者に対する「死か改宗か」という意味であるが，実際には，アラビア人はもっと寛大で貢納すれば許されるといわれていた。
　かくして，前ページの地図のように，8世紀には西はスペインのピレネー山脈から東はインドのインダス河までの広大な領土を征服した。

―― サラセン帝国（アラビア民族）発展史 ――

570年	教祖マホメット，メッカに生まれる。
622年	メッカの北360kmのメジナに逃げる。
630年	メッカを占領し，ここがイスラム教の中心地となる。
632年	アラビア半島を初めて統一する。教祖，メジナで永眠。
635年	ダマスクス ┐
637年	エルサレム ├ つぎつぎアラビア人が征服しイスラム教を広める
641年	アレクサンドリア，ペルシア ┘
661年~750年	ムアウイヤ教主（カリフ）がダマスクスを首都とした「ウマイヤ朝」を建てる。その後分裂し

↙　　　　⇓　　　　↘

756～1236年
西カリフ国
（後ウマイヤ朝）
首都　コルドバ
1236年カスティーリャに滅ぼされる

909～1171年
ファーティマ朝
首都　カイロ

750～1258年
東カリフ国
（アッバス朝）
首都　バクダッド
1258年モンゴルに滅ぼされる

(2) 大征服のあとの大異変

アラビア人は，元来，遊牧・騎馬民族，また商業民族であり，あまり文化的要素をもった民族ではなかった。

8世紀以後，大征服で得た広大な土地を治めるため，移動民族が定住民族に変わると共に，これまで経験したことのない疫病に悩まされるようになった。

この都会的病気をなおすため伝統医学をもつギリシア，ローマ人の医師をよびよせた。やがて病気に対応できるようになり，余暇のできたギリシア，ローマ人はアラビア青年に学問を教えるようになるのである。

加えて，歴代の教主（国王を兼ねる）が，学問を保護奨励したので，古今東西の学問が収集され翻訳(ほんやく)され，彼等によって貴重な文化が1か所に温存，承継された。

アラビアといえば『千一夜物語』であるが，これから当時の社会の一端が想像できる。

この物語は，メルヘン，恋物語，伝説，トンチ話，教訓，逸話の6つのジャンルからできて，材料は周辺民族の話を集大成している。

社会の変化と数学

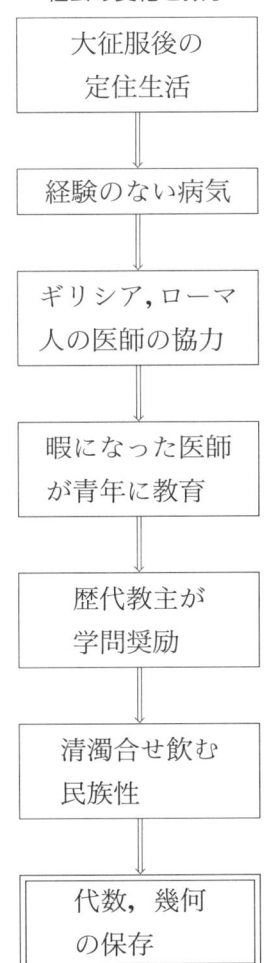

```
┌──────────────┐
│  大征服後の    │
│  定住生活      │
└──────┬───────┘
       ↓
┌──────────────┐
│ 経験のない病気 │
└──────┬───────┘
       ↓
┌──────────────┐
│ ギリシア,ローマ│
│ 人の医師の協力 │
└──────┬───────┘
       ↓
┌──────────────┐
│ 暇になった医師 │
│ が青年に教育   │
└──────┬───────┘
       ↓
┌──────────────┐
│ 歴代教主が     │
│ 学問奨励       │
└──────┬───────┘
       ↓
┌──────────────┐
│ 清濁合せ飲む   │
│ 民族性         │
└──────┬───────┘
       ↓
┌──────────────┐
│ 代数，幾何     │
│ の保存         │
└──────────────┘
```

② 代数と幾何の保存

(1) *algebra* とアルゴリズム

サラセン帝国が盛期を迎えようとした8世紀に，アラビアを代表する数学者アル・フワーリズミーが登場する。

アラビア数学の全盛期は9〜12世紀で，代表的な数学者は右のような人である。大部分は東カリフ国—現代のイラク，イラン方面—の方であった。

代表的数学者	
8世紀	アル・フワーリズミー
	アル・バッタニー
9世紀	アブー・カーミル
	アル・カルヒー
	アブール・ワファー
10世紀	アル・カラジー
	イブン・アル・ハイサム
11世紀	オマル・ハイヤーム

アル・フワーリズミーは後世に大きな影響を与えた3つの事項がある。
① 彼の著書の書名から，現代の『代数』の英語用語が創作された。
『*al-gebr wal mukābala*』の前部から *algebra* ができたという。（*al* は冠詞，*gebr* は移項）
② 彼の名アル・フワーリズミーから，算法（手順）を示す『アルゴリズム』という語が作られたが，いまやコンピュータ用語として不可欠な語になっている。
③ 文章題からできる方程式の解法では，古代各民族，エジプト，インド，中国など，みな〝仮定法〟（79ページ参考）という試行錯誤による方法によっていたが，彼は前述の書で，〝上皿天秤の考え〟による〝移項法〟で解く，現代式の方法を考案した。

この上皿天秤の考えの手順が，機械的な方法でおこなえるので，以後，方程式の解法として広まったのである。

(2) 人類と幾何学

西洋の幾何と東洋の代数とは，やや対立的なものであった。

　　幾何は図形の性質，論証
　　代数は数式の計算，理論

ということで，17世紀にデカルトが『座標幾何学』を創設するまで別の学問のように考えられていた。
(注) 座標幾何学は，座標によって図形の証明をしたり，方程式を図形化して解く，という相互協力の幾何学である。

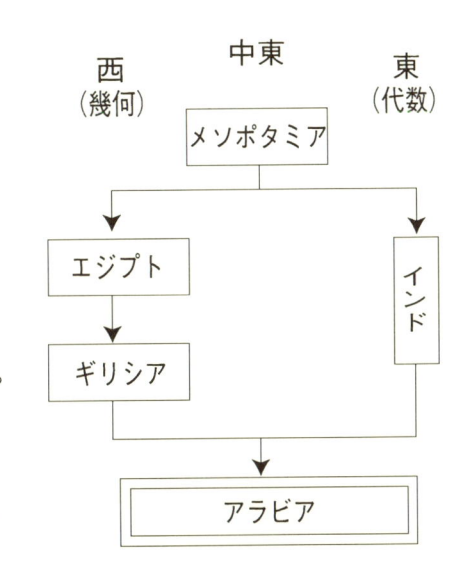

```
        西        中東        東
       (幾何)              (代数)
                ┌────────┐
                │メソポタミア│
                └────┬───┘
          ┌─────────┼─────────┐
          ▼                   ▼
      ┌──────┐            ┌──────┐
      │エジプト│            │インド│
      └───┬──┘            └───┬──┘
          ▼                   │
      ┌──────┐                │
      │ギリシア│                │
      └───┬──┘                │
          └─────────┬─────────┘
                    ▼
                ┌──────┐
                │アラビア│
                └──────┘
```

アラビア民族が，広く他民族の文化に対して清濁合せ飲むという吸収同化の民族性をもっていただけでなく，東西に広くまたがる領土を支配していたことも数学界において幸いであったということができよう。

とりわけ幾何学は，ギリシアが4世紀に滅亡すると共に，当時どの民族も「有用性がない」ことから継承することなく，人類文化から600年近く消えてしまうのである。

もしアラビア民族がいなかったら……，ギリシアの論証幾何学は永遠にこの地球から消えてしまっただけでなく，数学の進歩も遅々としたものになっていたであろう，と想像される。

右は，アブール・ワファーの『書記達，官吏達，その他が計算の学で必要なこと』（9世紀）の内容である。

また，幾何では『原論』に第14巻立体幾何（ヒュプシクレス），第15巻 立体幾何（ダマスキオス）の追加をしている。

╭─ 『計算の学』の内容 ─╮
(1) 比
(2) 乗法と除法
(3) 測量
(4) 税
(5) 交換と分配
(6) 様々の問題
(7) 様々の問題（続）

③ クイズ&パズル&パラドクス

QP 1 　人間社会において宗教は切り離すことのできないものであり，原始宗教を含めると数え切れないほどの種類があるであろう。

　それらの中で，右のユダヤ教，キリスト教，イスラム教は，代表的な「一神教」で後者2つはユダヤ教から発生した同系の宗教である。

　アラビア民族のつくったイスラム帝国はイスラム教の国である。

　さて，右の表を数学の目で見ると，ある発見をする。それは何であろうか。

宗教	内容	印
ユダヤ教	B.C. 5世紀 イスラエル（ユダヤ）人 旧約聖書 唯一神ヤーウェ	✡
キリスト教	A.D. 1世紀 教祖キリスト 新約聖書 テオドシウス帝"国教"に	✝
イスラム教	A.D. 6世紀 教祖マホメット コーラン 唯一絶対神アラー	⬡

QP 2 　"数と図形"とが関係する内容はいろいろあるが，その初等的なものが66ページの三角数，四角数，……などで，代表は「三平方の定理」である。

　直角をもつ三角形で3辺が整数の比になるものを，「ピタゴラス数」というが，これは右の m, n の値を変えて求められる。

　右とは別の組を3組つくれ。

三平方の定理と3辺の比

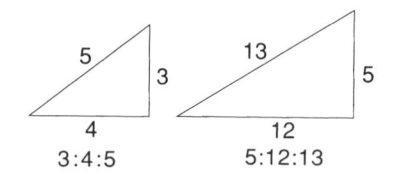

　5, 3, 4　　3:4:5
　13, 5, 12　　5:12:13

一般式の3辺　（$m>n>1$）

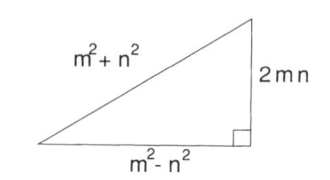

　m^2+n^2, $2mn$, m^2-n^2

第7章　アラビアの壺

QP 3　西洋系はアナログ型，東洋系はデジタル型といわれているが，その内容を羅列してみると右の表のようになる。

そのどちらにも，長短がある。

それを考えよ。次に，右の表の□に適する語を入れよ。

対立する2種類

区別	デジタル *digital*	アナログ *analog*
数学	数量 個数的 ①□数 不連続	図形 計量的 ②□数 連続
一般	理系 合理的 理性 ③□脳	文系 直観的 感性 ④□脳
計器	ソロバン ⑤□時計	巻尺 ⑥□時計

時計はどこにもあるサ

QP 4　古代民族は多くの場合，他民族との国境付近に「のろし台」を設け，外敵の急襲にそなえている。

のろし台で，味方への信号をするのにデジタル式とアナログ式があるが，その違いを説明せよ。

QP 5　71ページの話の続きをしよう。

「王妃に裏切られた王は，その後，結婚しては翌日王妃を殺し，また結婚しては殺し，という荒れた生活を送っていた。

これを見て心配した大臣の娘シェヘラザードは自ら王妃を希望した。

最初の夜は，一晩中楽しいお話をして過した。そのため王はこの話の続きを聞きたいので王妃を殺さなかった。その夜もまた，楽しいお話をした。

毎夜毎夜それが続き，ちょうど〝千一夜〟過ぎたところで王の心がなごみ，反省して，この王妃と長く幸福に暮した」というもので，この話を集めたのが『千一夜物語』である。このことから1001を数学では「シェヘラザード数」という。

さて，右の数当てで，相手の考えた数を当てられる理由を考えよ。

シェヘラザード数 1001
$1001 = 7 \times 11 \times 13$

── 数当てゲーム ──
あなたが好きな1～3桁の数を考えて下さい。これを7倍し，次に11倍し，さらに13倍したあと，その数を教えて下さい。私が，あなたの好きな数を当てます。

QP 6 1gから30gまでの重さのものならなんでもはかれる天秤がある。どんな種類の錘をいくつ用意したらよいか。ただし，錘の個数はできるだけ少なくしたい。

上皿天秤では，さらに，少なくてすむ。これを説明せよ。

QP 7 下のように，円柱，球，円錐，立方体の4種類の立体が，上皿天秤の皿にのせてあり，(1)～(3)はすべて，バランスがとれて釣り合っている。この4種類の立体の重さの関係を求めよ。

つぎに，(4)が釣り合うように，できるだけ少ない個数のものをのせるのに，どのようなものを，いくつのせたらよいか。

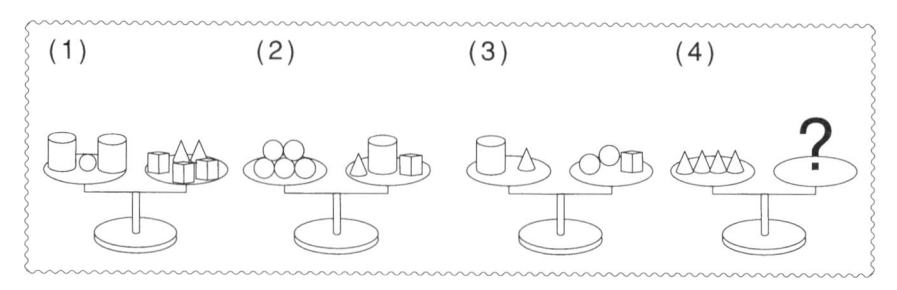

第7章　アラビアの壺

QP 8　方程式の解法は75ページで述べたように，アラビア以前は右のような"値が得られた"と仮定し，それとのズレから，真の値を求める方法でおこなった。

　右の問題を現代の等式の基本性質による解法（上皿天秤の考え）で解け。

QP 9　『千一夜物語』の中でも有名なものに，「アリババと40人の盗賊」がある。

　こんな物語を思い出しながら，次の問題に挑戦してもらおう。

　「大金持の倉庫に，右図のように，3個ずつの酒つぼを収めた8か所がある。

　盗賊が入って，つぼ4個を盗み，しかも4面A，B，C，Dどの面から見ても酒つぼが9個ずつのままであった。どのようにしたか。」

QP 10　アラビア旅行中の3人が3000円の品を買うため，1000円ずつ出しあって店員に3000円渡した。

　店員が店長のところに支払いにいくと，「日本人だから500円まけてやれ」といった。

　店員は途中200円を自分のポケットに入れ，3人に100円ずつ合計

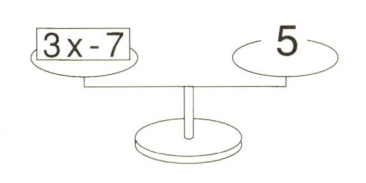

天秤：$3x-7$　と　5

仮定法の解法

いま，$x=6$ と仮定すると，
　左辺 $= 3\times 6 - 7 = 11$
　$x=5$ とすると
　左辺 $= 3\times 5 - 7 = 8$　（3減る）
　よって $x=4$

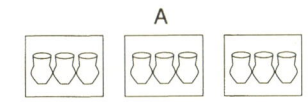

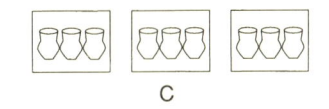

300円をおまけとして渡した。

3人がふしぎに思い，右のように計算すると，たしかに100円不足している。

お金のやりとりは正しかったようだが，さて？ 100円はどこへいった。

正しい計算？
1人900円出したので，
900円×3＋200円＝2900円
実際の支払い　店員のポケット
初め
1000円×3＝3000円

QP 11 下のように，整数を並べた表がある。太線内のように，上下左右隣り合う4つの数の和を計算すると58である。このような4つの数で，和が278になる数を求め，その4つの数を小さい順に書け。

1	2	3	4	5	6	7		
	8	9	10	11	12	13	14	
		15	16	17	18	19	20	21
			22	23	24	…	…	…

QP 12 イスラム教のある寺院に，大理石の柱に大小64枚の黄金の円盤があり，これを1枚ずつ柱Bに全部移し終えたとき，「この世は終り」という伝説がある。いつのことか。

ただし，円盤は1回に1枚，しかも必ず小は大の上におくとする。

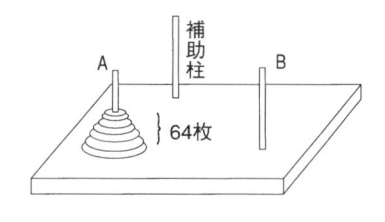

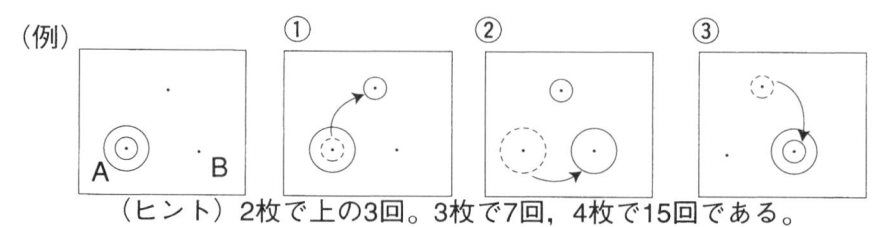

(ヒント) 2枚で上の3回。3枚で7回，4枚で15回である。

第8章　イタリアのトランプ

400年後に，ガリレオも住んだ
ピサのフィボナッチ（84ページ）
の生家

道路をへだてた公園内
のフィボナッチ像

トリノ　ミラノ　ベネチア
ジェノバ
ボローニア
ピサ　フィレンツェ
アドリア海
ローマ
ナポリ
チレニア海
地中海
シチリア島
チュニジア　イオニア海

① 十字軍とルネッサンス

(1) 十字軍を運んだ三大軍港地

　"中世の暗黒時代"といわれたヨーロッパ3世紀～13世紀の1000年間，イギリス，フランス，ドイツ，オランダ，ベルギー，イタリアなどのキリスト教徒たちは，一生に1度，聖地エルサレムへの巡礼が夢であった。

　しかし，紀元10世紀末頃，セルジュク・トルコ（イスラム教徒）は次第に勢力を高め，やがてエルサレムを占領した。このため，ローマ教皇の聖地奪還の声でキリスト教諸国では，遠征軍を組織したのである。

　聖職者，王侯，騎士，市民，農民などの「十字軍」（この名称は後世つけられた）は，第1回（1096年～1099年）は成功し，イスラム教徒を追放してエルサレム王国を建設した。

　しかし，再びセルジュク・トルコにとられたので，以後200年間，大きな十字軍だけでも8回の遠征がおこなわれた。

第 8 章　イタリアのトランプ

初めは陸路を延々と行進したが，3，4 回は前ページ下図のような海路によった。

イタリアの古くからの海運港であるベネチア，ジェノバ，ピサは，地中海の交易，漁業そして軍港として栄えた港である。

数万，数十万の人間や馬，物資を輸送する十字軍の行動は，陸路をえんえんとするには時間も費用も，また途中の被害なども多いため，海路を選び，上の 3 つの港町に輸送の依頼をしたのである。

そのため，この 3 港町には莫大な金がもたらされただけでなく，帰りの空船に東洋の貴重な物資—香料，絹織物，陶器，象牙など—を積み込み，ヨーロッパに売りさばいて大きな利益を得た。

近世イタリアが，商業活動の盛んになった第 1 期である。

(2) ルネッサンスと海外進出

第 2 期は，1453 年東ローマ帝国がオスマン・トルコによって陥落し，ギリシア人，ローマ人がイタリアに逃げ込んだことから，イタリア各地でルネッサンス（文芸復興）が起こり，続いて宗教改革。こうしたことからイタリアでは「地主からと信仰からの束ばく解放」という，身心の自由を得，活発で陽気なラテン民族であることも手伝い，上の 3 港町を中心に海外へと進出することになった。

しかも，地中海の東方はオスマン・トルコに押えられていたため，未知の大西洋へと船出したのである。しかし，長年慣れ親しんだ地中海と異なり，未知の外洋はいろいろな生命の危険にさらされた。

台風，坐礁，衝突，病気，……

これらを防ぎ，安全な航海をするにはどうしたらよいのか。

これは天文学，天文観測にあった。

② 算盤派と筆算派の五百年抗争

(1) 商業活動と計算術

　古来から，計算の必要性は，天文学と商業活動において大である。
　このイタリアにあっては，
　13世紀の十字軍　（商業）
　15世紀の大航海　（天文）
で，それぞれの分野で計算の技術，方法を大発展させた。

　その第1人者が，章の扉の写真にあるピサの商人フィボナッチ（通称ピサのレオナルド）である。

　彼は商人の子として生まれ，自分も商人として欧州各地を商売をして歩くうち，「ギリシア，ローマ数字によるアバクス（算盤）を使った計算」より，「インド―アラビア数字による筆算法」の方がすぐれていることを発見した。

　これが商人の強みといえよう。

　彼はアラビアのアル・フワーリズミーの本を参考にして『Liber Abaci』（計算書，1228年）を出版した。

――『計算書』の目次――

1. インド―アラビア数字の読み方と書き方
2. 整数のかけ算
3. 整数のたし算
4. 整数のひき算
5. 整数のわり算
6. 整数と分数◎とのかけ算
7. 分数と他の計算
8. 比例（貨物の価格）
9. 両替（品物の売買）
10. 合資算
11. 混合算
12. 問題の解法
　　（フィボナッチ数列がある）
13. 仮定法★
14. 平方根と立方根
15. 幾何と代数

（注）◎小数は16世紀創案なので，当時は分数しかない。
　　★方程式の「等式の性質による解法」がまだ伝えられていない。

第8章　イタリアのトランプ

十字軍関係で経済活動，商業計算が盛んになり，早く正確な計算が要求されていたピサを始め，ベネチア，ジェノバ他各都市で，この筆算法の『計算書』が爆発的に売れ，その後500年間も読まれた，といわれる。

一方，古典的算盤による計算愛好家も多く，ときにこの算盤派と筆算派とが公開の計算試合を，たびたびおこなったという。

算用数字が印刷術の誕生で〝字体〟が確定し，その地位が確保されたように，計算法も機械化されて18世紀には両派の競争も終結した。

算用数字の誕生から完成

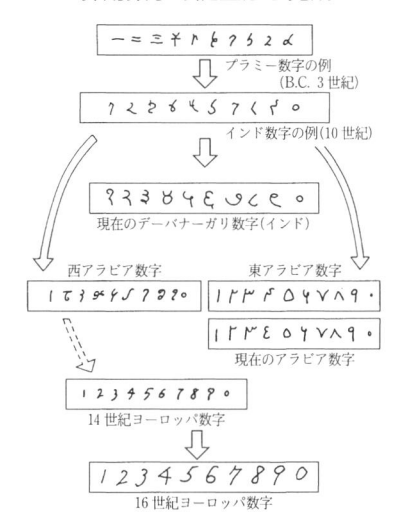

| 一 二 三 ∓ ♭ ϧ 7 ϛ 2 ⊿ |
↓ プラミー数字の例（B.C. 3世紀）
| ? ζ ʒ 6 ᥨ ϛ 7 ζ ८ ० |
↓ インド数字の例（10世紀）
| १ ২ ३ ৪ ५ ६ ७ ८ ९ ० |
現在のデーバナーガリ数字（インド）

西アラビア数字　　東アラビア数字
| 1 ᴢ ʒ ⅌ ५ ϛ 7 2 9 ० |　| ١ ٢ ٣ ٤ ٥ ٦ ٧ ٨ ٩ ٠ |
　　　　　　　　　　　| ١ ٢ ٣ ٤ ٥ ٦ ٧ ٨ ٩ ٠ |
　　　　　　　　　　　現在のアラビア数字

| 1 2 3 4 5 6 7 8 9 0 |
14世紀ヨーロッパ数字

| 1 2 3 4 5 6 7 8 9 0 |
16世紀ヨーロッパ数字

(2) 一攫(かく)千金・ラテン民族・賭博

イタリアは2回の歴史的な繁栄期をもったが，この一攫千金という「ぬれ手に粟」の社会と，陽気で遊び好きのラテン系民族とから，当然のように賭博が盛大におこなわれた。

賭博で勝ち，もうけるにはどうしたらよいか。

賭博の結果は，偶然に支配されるが，その〝偶然を数量化する〟ところから，『確率論』という数学が誕生した。

これは17世紀のことで，当時は，専門賭博師の中には数学者もいたほどである。

この学問を発展させたのはフランス，完成させたのはロシアなのである。

③ クイズ&パズル&パラドクス

QP 1 "UFO" は「存在するか，しないかの 2 通りである。
だから，UFO の存在の確率は $\frac{1}{2}$ だ。」といってよいであろうか。

QP 2 2 枚の百円硬貨を同時に投げたとき，場合の数は

(表，表)，(表，裏)，(裏，裏)

の 3 通りなので，「 3 枚とも表になる確率は $\frac{1}{3}$ である。」といってよいか。

QP 3 「十字軍遠征」というものは，実はキリスト教とイスラム教との戦争ということができる。

この両宗教が対立し続けるのは——現代もまだ続いているが——パズルの世界にももち込まれている。

次の話は有名である。

「ある船にキリスト教徒 15 人とイスラム教徒 15 人が乗っていて，これが難破した。

船長は船を救うために，海に 15 人を投じなければならない，と考え，両者 30 人を右のように並べ，A から始めて 9 番目，9 番目，……の人に船から海へ飛びこむように命じた。」

さて，その結果はどのようになったか。

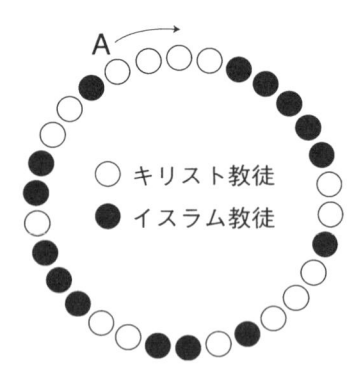

○ キリスト教徒
● イスラム教徒

(注)これを「トルコ人（イスラム教徒）とキリスト教徒の問題」という。

第 8 章　イタリアのトランプ

QP 4　ゲームの 1 つにチェス盤の遊び（ラテン方格）がある。

（例）4×4

これは例のように正方形のマスに石を 4 個おくのに，たて，横，斜めのどれともかさならないようにする，というものである。

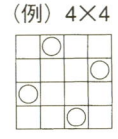

(1)では 5 個，(2)では 6 個の石をおき，どの方向ともかさならないようにせよ。

(1) 5×5　　(2) 6×6

QP 5　13 世紀の名著『計算書』（84 ページ）を書いたフィボナッチは，その本の中に自分の名をつけた次の数列をのせている。

このフィボナッチ数列とは，つねに前の 2 数の和によるもので

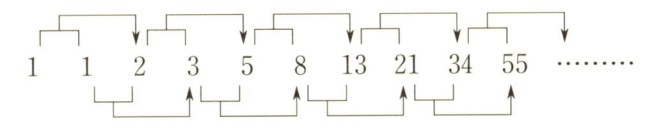

1　1　2　3　5　8　13　21　34　55　………

という変った数列である。

ところが自然界にはこの数列が多く，ひまわりの花の種や松ぼっくりなどの並びにみられる。

また，右のような兎の子のふえ方にもフィボナッチ数列がみられる。これを作り計算せよ。

── 兎の子の数 ──
1 対の親兎が 1 か月ごとに 1 対の兎を生み，各対の子兎は 1 か月後に親になり，1 対の兎を生むとすると 1 年後に全部で何対の兎になるか

QP 6　この『計算書』に次の問題がのっている。

「私がセント・イブスに行ったとき，7 人の夫人を連れた 1 人の男に会った。

どの夫人も7つの袋をもち，その袋にはそれぞれ7匹の猫がいた。
また，それぞれの猫は7匹の小猫をもっていた。
セント・イブスに行ったものの総数はいくらか」
(注)38ページの『アーメス・ハピルス』の類題といえる。

QP 7 インド―アラビアからの伝来の数学の中に，検算法の代表である「九去法」がある。これは「何桁の整数でも，それを9でわったときの余りは，その数の数字の和（それが9より大きいときは，さらにそれの和を求める）で得られる。」を利用して検算するものである。左の例にならって下の計算の答を出し，九去法で検算せよ。

(例)　　　数字の和　　9でわった余り
$521 \to 5+2+1 \cdots\cdots 8$
$403 \to 4+0+3 \cdots\cdots 7$
$\underline{+869} \to \underline{8+6+9} \cdots\cdots \underline{5}$
$1793 =23 20$
$1+7+9+3=20 \quad\quad 2+0=2$
これから　　　　2　　よって正解。

(1)　853
　　 706
　　$\underline{+249}$

(2)　628
　　$\underline{-132}$

(3)　453
　　$\underline{\times26}$

(4)　$43\overline{)2451}$

QP 8 まずは，電卓を用意して――。

右の表のような数の5乗の値から，簡単な年齢当てができる。

基数の5乗			
$0^5=$	$\underline{0}$	$5^5=$	$\underline{3125}$
$1^5=$	$\underline{1}$	$6^5=$	$\underline{7776}$
$2^5=$	$\underline{32}$	$7^5=$	$\underline{16807}$
$3^5=$	$\underline{243}$	$8^5=$	$\underline{32768}$
$4^5=$	$\underline{1024}$	$9^5=$	$\underline{59049}$

質問者「あなたの年齢を当てますから，年齢を5乗してその末位の数字を教えてください。」
相手「末位の数は8です。」
質問者「あなたは28歳ですね。」
相手「アタリー。どう計算したの？」

(ヒント)

あア，この人は20代だ！

$\square^2 = 0008$

第8章　イタリアのトランプ

この年齢当てのカラクリをいえ。

また，これに対して，「基数の9乗」を計算し，それぞれの結果の末位の数字に，どのようなルールがあるかを調べてみよ。

QP 9　無限に続く循環小数を有限に表現するのに，次のような方法がある。まず，分数から

$$\frac{1}{3} = 0.333\cdots\cdots = 0.\dot{3}$$

$$\left(= \frac{3}{9}\right)$$

$$\frac{5}{11} = 0.454545\cdots\cdots = 0.\dot{4}\dot{5}$$

$$\left(= \frac{45}{99}\right)$$

$$\frac{4}{7} = 0.5712857128\cdots\cdots = 0.\dot{5}712\dot{8}$$

$$\left(= \frac{57128}{99999}\right)$$

いくつ？ $.\dot{9}$

― 循環小数→分数 ―

印・にはさまれた数字の個数だけ分母に9を並べると，分数にできる。ただし，左のような純循環小数の場合。

さて，右上に示す $.\dot{9}$ は，実は下のようである。

$$.\dot{9} = 0.99999\cdots\cdots = \frac{9}{9} = 1$$

ほんとうに $.\dot{9} = 1$ なのか。

QP 10　かってな鋭角 ∠XOY がある。この角内に点Pをとり，XO，YO上にそれぞれ点Q，Rをとり，三角形PQRを作図する。このとき3辺の長さの和，つまり三角形PQRの周囲を最小にするような点Q，Rの位置を定めよ。

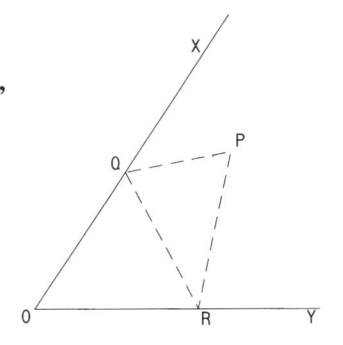

QP 11 イタリアのピサの斜塔で「落体の法則」の実験研究をしたガリレオは，確率にも興味をもって研究していた。

ある日，賭博好きの貴族から，彼のところに次のような手紙がきた。

「私が，3個のサイコロを同時に投げる実験をしたところ，目の和が9のときと，10のときは，それぞれ6種類（右表）ずつと考えられたのに，実際には目の和が10の方が多かった。

それはなぜであろうか」

ガリレオはどのような回答をしたか。

目の和が9	目の和が10
(1, 2, 6)	(1, 3, 6)
(1, 3, 5)	(1, 4, 5)
(1, 4, 4)	(2, 2, 6)
(2, 2, 5)	(2, 3, 5)
(2, 3, 4)	(2, 4, 4)
(3, 3, 3)	(3, 3, 4)

QP 12 賭博はイタリア，フランスなどのラテン系民族だけでなく，世界中の人々が大なり小なり興味をもっている。モナコという国，ラスベガスという都市では大規模な組織さえある。そうした一方，小さな商店街の「年末くじ」といったものもある。

ここではそうした身近な例で，確率を考えてみよう。

ある商店街の歳末大売出しで，2,000円の買物についてくじ券1枚がもらえ，右の賞金が期待できる。

しかしくじ運が悪く，くじは嫌いという人のためには，450円の金券がもらえるという。

どちらの方が得か。

等	賞金	枚数
1等	10万円	20
2等	1万円	100
3等	1,000円	1,000
等外	100円	10,000

第9章　イギリスの石

天文台？　神殿？　5000年前のストーン・ヘンジ

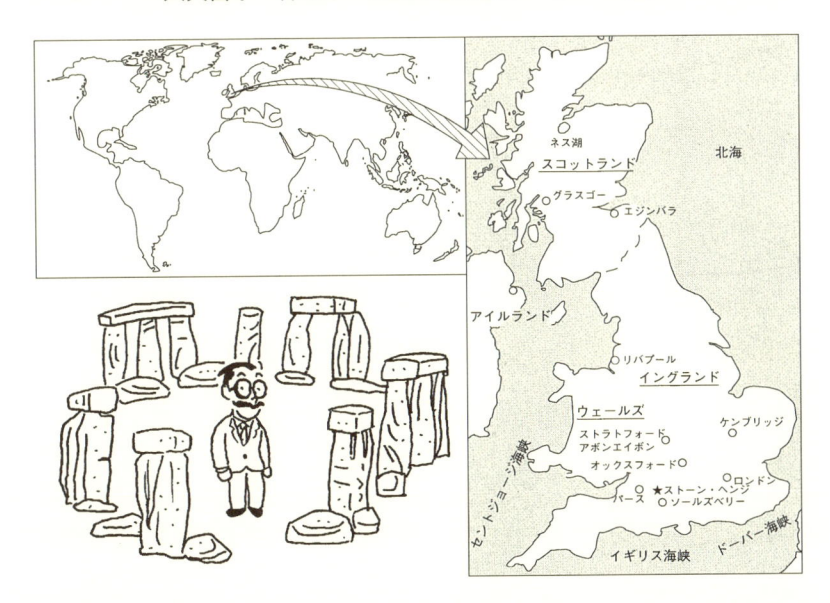

① ストーン・ヘンジは天文台

(1) 陽の沈まない国

　一般的には，イギリス，フランスは長い伝統と高い文化の国，と思われているが，国の成立はせいぜい600年ほど前である。

　5,000年の伝統ある古代文化国とはとても比較にならないとしても，1,600年（4世紀大和朝廷統一）の歴史をもつ日本とくらべても，最近できたような国である。

　しかし，この地は，同一民族ではないにしても，歴史は古く

- B.C.2世紀頃　ドルイド教徒の建立といわれるストーン・ヘンジ
- 17世紀　イギリス人の創設したグリニッジ天文台

という天文観測の系譜は，この島の特徴ということができようか。

　実際，15〜17世紀の大航海時代に大活躍し，「陽の沈まない国」といわれるほど，世界中に植民地を手にしたイギリス人は，航海の

---- 正式国号と島 ----

グレートブリテン
・北アイルランド連合王国

　。グレートブリテン島
　　　｛イングランド
　　　　スコットランド
　　　　ウェールズ
　。アイルランド島の一部から成る国

（注）　日本の約 $\frac{2}{3}$ の面積

---- イギリスの略歴 ----

B.C.5世紀	大陸からケルト人グレートブリテン島に進出
B.C.55年	カエサルが支配
B.C.43年	ローマの属州
A.D.5世紀	アングロ・サクソンが侵入
6〜8世紀	王国成立後，デンマークの支配下
14世紀	帝国ほぼ確立

第9章　イギリスの石

ために天文学研究にすぐれた実績を残している。

ゲルマン民族特有の根気強さから，天文学に不可欠の「三角比」で，その数表を作りあげ「対数」を創案するという仕事をし，後世の数学発展に大きな貢献をしている。

(2) **島国と帝国，騎士道**

イギリスの特徴といえば，島国，国王のいる帝国，そして騎士道の国，ということになり，島国，天皇，武士道の「日本と似ている」といわれている。

では，ヨーロッパにおいてはどのような民族であろうか。

近世，近代の文化や数学をリードしたのは主として右表の2民族，つまりゲルマン系民族（イギリス，ドイツ），ラテン系民族（イタリア，フランス）であり，この両者には興味深い対立性がみられるのである。

グリニッジ天文台（経線0°の白線）

民族と数学，特色

	ゲルマン系民族 （イギリス,ドイツ）	ラテン系民族 （イタリア,フランス）
数学	○計算術 ○統計学 ○微積分	○計量関係 ○確率論 ○幾何学
生活・性質	○衣食は地味 ○口数少ない ○ルールを守る ○清潔，几帳面 ○身体は大柄	○衣食は豪華 ○おしゃべり ○ややルーズ ○明るく活発 ○身体は小柄

(注)ゲルマン系は長男，長女タイプ
　　ラテン系は次男，次女タイプ

② "文紋"で戯曲作者解明

(1) 繁栄の中の災害

　世界中に植民地をもったイギリスでは，首都ロンドンに世界中の物資が運びこまれ，繁栄を極めたが，一方，世界中の病気もこの港町に持ちこまれた。

　このため，ロンドン市民は多く死に，毎年末，教会から死亡表が発行された。

　たまたま商人ジョン・グラントが1枚の死亡表を見て，これからは何もわからないが何年分も集めると何かの発見があると考え，60年分さかのぼって資料を集め，種々の傾向を知った。これで彼は1662年『死亡表に関する自然および政治的観察』を著作したが，それが近代統計学の出発点である。

大火記念塔（ロンドン）の台座の彫刻

　その4年後1666年9月2日の深夜，ロンドン市はプディング・レーンのパン焼用のカマドからの出火で，一夜のうちに市の$\frac{2}{3}$を焼き尽した。ロンドン市民はこれを忘れないため，上のようなモニュメントを発火地点近くに建設した。優雅なドーリア式で高さ約60メートルである。

　イギリスではこうした災害体験から，火災保険制度が成立し，その10年後には生命保険も誕生している。

　生命保険の創設者はハレー彗星で有名なエドモンド・ハレーである。

　この保険制度は統計学と確率論との協力によってできたものである。

第 9 章　イギリスの石

(2)　文学界の難問をコンピュータが解決

　イギリスでは代表的文豪シェークスピアが 16 世紀に活躍した。

　彼は約 20 年間に戯曲 36 編，詩 7 編を書いたが，その他彼の作品ではないかといわれた作者不明の戯曲もある。とりわけ『サー・トマス・モアの本』がその代表である。

　20 世紀に入り，イギリスのカレッジ講師のトマス・メリアムは，コンピュータを使い，これがシェークスピアの作品であると鑑定した。

　トマスは，いくつものシェークスピアの作品を分析して彼の文章の癖，つまり〝文紋〟をとり出し，次にこの戯曲の文紋を求めて比較をした。その結果，大変類似していることから上の結論を出したのである。

　イギリスを代表するものの 1 つに童話『不思議の国のアリス』（1865 年）がある。この著者はルイス・キャロルであるが，本職，本名はオックスフォード大学クライスト・チャーチ校の数学教授チャールズ・ラドウィジ・ドジスンである。

　〝文学の世界〟にまた，数学者が参加している。

　文学と数学という，両極のものにかかわりあいをもたせるイギリスは興味深い国ということができよう。

シェークスピア・センター（ストラトフォード・アポン・エイボン市）

③ クイズ&パズル&パラドクス

QP 1 　1884年，イギリスの物理学者テートは，次のような碁石クイズを考案した。

　いま，右のように黒白3個ずつの碁石が交互に並べてある(A)。

　これを，隣り合う2個を同時に右へ移動し，最後に(B)のように白だけ黒だけの並びにしたい。最少何回の移動でできるか。

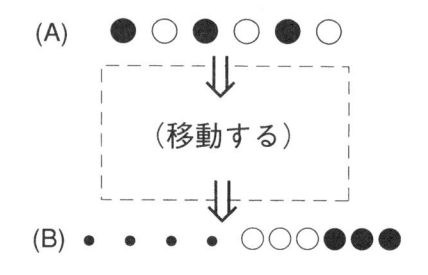

(A) ● ○ ● ○ ● ○

⇓

（移動する）

⇓

(B) ● ● ● ○ ○ ○

QP 2 　テートより少し前の1859年にイギリスの数学者ホェーウェル博士が，次のような手紙を当時有名な数学者ド・モルガンに送った。

　「9を4個使い，その前や間に＋，－，×，÷，（　）などの演算記号を入れ，計算の結果が0～100までの数を作ることができるであろうか」と。

　下を参考にし，右をヒントにして5～10までを作ってみよ。

$(9+9)-(9+9) = 0$

$(9+9) \div (9+9) = 1$

$(9 \div 9) + (9 \div 9) = 2$

$(9+9+9) \div 9 = 3$

$\sqrt{9}! - \sqrt{9} + (9 \div 9) = 4$

ヒント（鍵）

$.9 = 0.9$

$.\dot{9} = 0.999 \cdots\cdots = 1$

$\sqrt{9} = 3$

$\sqrt{9}! = 3! = 3 \times 2 \times 1 = 6$

(注) これは通称「*four nine's*」とよばれている。

第 9 章　イギリスの石

QP 3　ホェーウェル博士から，50 余年後に，イギリスの学会誌に数学者ボールが *four four's* を発表した。

これは下のようなものである。このあと 10 までを続けよ。

$(4+4)-(4+4)=0$

$(4+4)\div(4+4)=1$

$(4\div 4)+(4\div 4)=2$

　……………………

　……………………

「4 や 9 が使われるのは $\sqrt{4}=2$, $\sqrt{9}=3$ を利用できるからだ」

QP 4　回文の研究で有名な，日本の数学教育者，河野宗生氏から頂いた平成 7 年 1 月 1 日の年賀状が 7 にちなんだ次の *seven seven's* (?) のものであった。

下の 1～3 を参考にして 10 まで作れ。

$$\left(\frac{777}{777}\right)^7=1, \qquad \frac{7+7}{7}+77-77=2, \qquad \frac{7+7+7}{7}+\frac{7-7}{7}=3$$

（注）　氏の年賀状には 14 まで作ってあった。平成 8 年も頂戴した。

QP 5　数学の知人，山崎和郎氏も毎年の年賀状にパズルの工夫があり，たのしませて頂いている。

下は虫食覆面算ともいうもので，相当難解だが，ひとつ挑戦して頂くことにしよう。

(1)　
```
　　１９９６
×　　元　旦
―――――――
　□□□□□
　□□□□
―――――――
　おめでとう
```

(2)　
```
　　□１□
×　□９□
―――――
　　□９□
　□９
―――――
　□□□
　おめでとう
```

(3)　
```
　　平成８年
×　　賀　正
―――――――
　□□□□
　□□□□
―――――――
　ねずみどし
```

（注）　1996 年は平成 8 年で，「ねずみどし」である。

「2008 年は平成 20 年，同じ『ねずみどし』似た問題を作ってみよう」

QP 6　前ページの虫食覆面算ができなかった人は，そのクヤシサを，下の少し易しい問題で〝気分なおし〟をして頂きたい。
（解答が1つとは限らない）

(1)　　イギ
　　　＋リス
　　　パズル

(2)　　ピヨ
　　　＋ピヨ
　　　ヒヨコ

(3)　　タン
　　　＋タン
　　　タヌキ

(4)　　モモ
　　　×クリ
　　　　□□
　　　□□□
　　　サンネン

QP 7　数学では問題を解いたり，新しいことを創案するとき，

〝類推〟と〝帰納〟

という方法によることが多い。

類推は発展，一般化させる考え
帰納はある規則をつくる考え

である。

右の(1), (2)について，□にかいてあることが導かれるかを調べよ。

また，次はどうか。

(1)で　$15^2 = 225$ より
　　　$51^2 = 522$

(2)で　$5^4 = 7^2 + 8^2$

が正しいか，も調べてみよ。

(1)

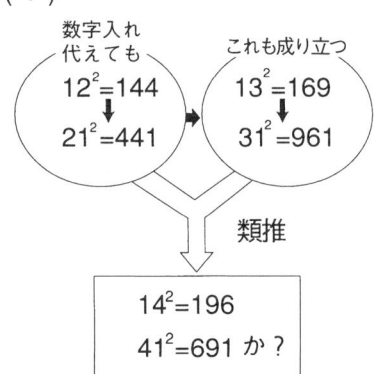

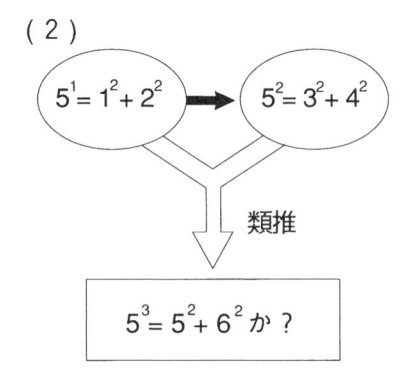

数字入れ代えても
$12^2 = 144$
↓
$21^2 = 441$

これも成り立つ
$13^2 = 169$
↓
$31^2 = 961$

⇒ 類推

$14^2 = 196$
$41^2 = 691$ か？

(2)

$5^1 = 1^2 + 2^2$ → $5^2 = 3^2 + 4^2$

⇒ 類推

$5^3 = 5^2 + 6^2$ か？

第 9 章　イギリスの石

QP 8　平面上に交わる直線を引くと，直線の本数と，それによって分けられる部分との数をまとめると下の表のようになる。

直線 10 本のときの部分の数を求めよ。

直線	0	1	2	3	4
部分	1	2	4	7	11
ふえ方		1	2	3	4

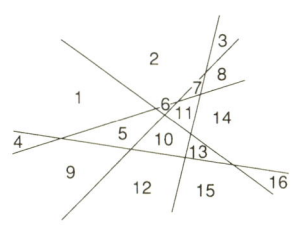

5本で部分16

QP 9　上の問題では無限の広さをもつ平面であった。ここで有限な広さの円に代えた問題を考えてみよう。

すると，点の数と部分の数の関係は下のようになる。

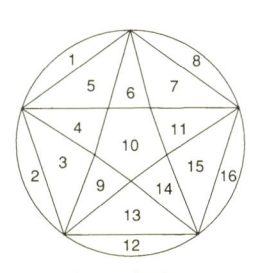

点5で部分16

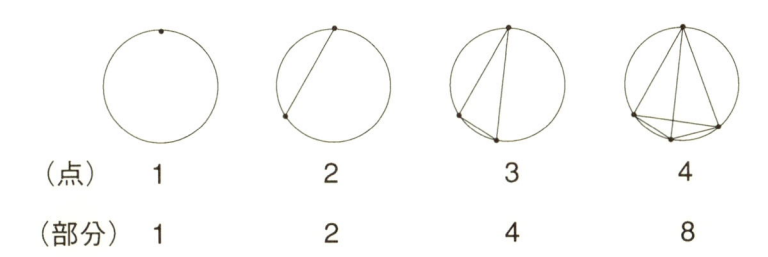

（点）	1	2	3	4
（部分）	1	2	4	8

このルールをつくれ。また，点 6，7 のときの部分の数を求めよ。
ただし，線分の 3 本が 1 点で交わらないものとする。

QP 10　式 $f(m) = m^2 + m + 11$ は右のように素数をつくる式のように思える。

$f(1) = 1^2 + 1 + 11 = 13$
$f(2) = 2^2 + 2 + 11 = 17$
$f(3) = 3^2 + 3 + 11 = 23$

"素数をつくる式" といい切れるか。

QP 11　18世紀のイギリス名門校である，オックスフォード，ケンブリッジ両大学で，大学生の多くが『ユークリッド幾何学』の入口である第5定理で落ちこぼれた。そのため，この定理は学生たちに〝ロバの橋〟といわれた。「おろかもの（ロバ）が落ちる橋」という意味だそうである。

　あの秀才たちも理解できない大難問か，と想像してしまうが，実は，小学生で学び，中学2年生で証明する定理

　「二等辺三角形の両底角は等しい」

である。これは下の3種類の証明法がある。

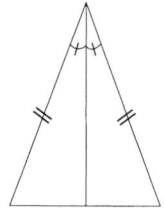

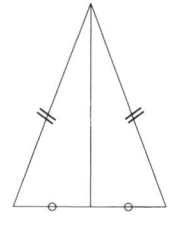

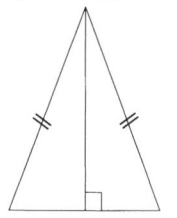

　　(1)　角の二等分　　　　(2)　中線　　　　(3)　垂線

　上の定理は(1)～(3)の補助線のあと三角形の合同条件から，それぞれ底角が等しいことを，簡単に証明できるのである。

これが難問という点は，上の補助線がそれぞれ

　　(1)は定理9　　　　(2)は定理10　　　　(3)は定理12

で，正式な『ユークリッド幾何学』では定理5の前で使えず，そのために難問になっている。では次の定理1～4を使って証明してみよ。

　　　定理1　正三角形を作図すること
　　　定理2　与えられた点から等しい長さを引くこと
　　　定理3　大きい線分から小さい線分を引き去ること
　　　定理4　2辺とその間の角が等しい三角形は合同のこと

第10章　ドイツの森

「夢れる森の美女」の古城（ゲッティンゲン郊外）

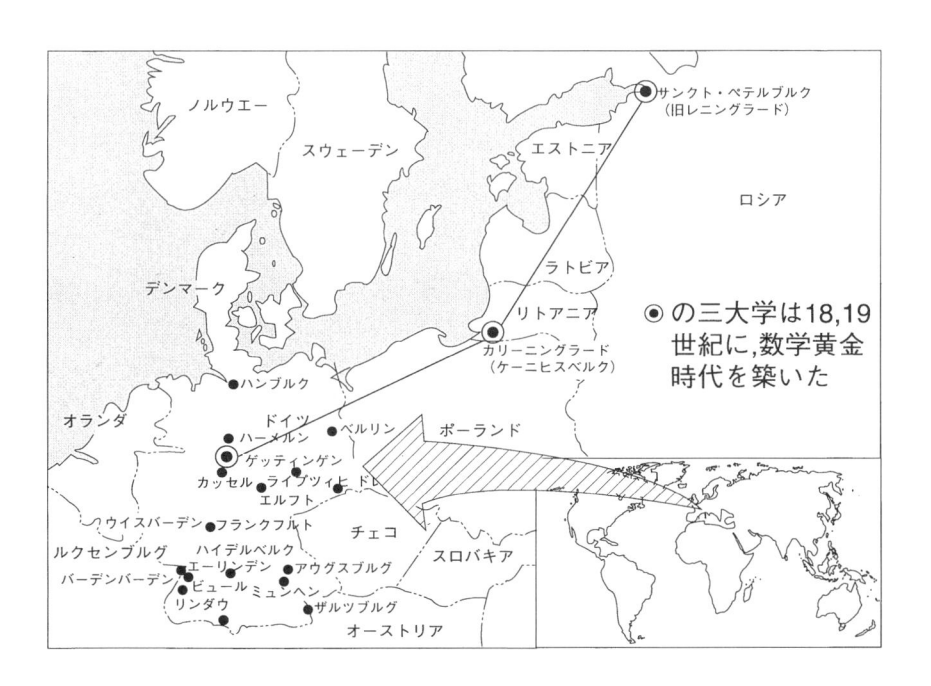

◉の三大学は18,19世紀に、数学黄金時代を築いた

① 改革，革命そして戦争の国

(1) 民族，国を考えさせる国

4世紀，大和朝廷による統一以来，1600年間，外敵の侵入らしいものもなく，兄弟喧嘩レベルの戦争しか経験をもたない日本からみると，ドイツの歴史は想像を絶するものである。

ドイツが，フランスやポーランドと同じ欧州の中心部にあり，経済的にもめぐまれた繁栄地として，有史以来周辺の諸民族からつねに侵略されている。

ドイツでは，内部的には数々の宗教改革や革命運動のほか，外部とは

  (1) 15～16世紀の諸外国による利害闘争の舞台

> ―― ドイツの略歴 ――
> 古くからこの地方の
> 南部にケルト人　　　
> 北部にゲルマン人 ｝住居。
> その後ゲルマン人がケルト人を追放し，B.C. 200年頃現在のドイツのほぼ全領域を占領。
> 8世紀　カール大帝フランク王となる。
> 9世紀　東フランク王国成立。
> 10世紀に神聖ローマ帝国に発展。
> 12～15世紀　東方植民運動
> 14世紀　ハンザ同盟結成
> 16世紀　宗教改革運動
> 17世紀　「三十年戦争」で荒廃
> 18世紀　プロイセン王国成立
> 1815年　ドイツ連邦成立

  (2) 1618～1648年長期諸外国侵入の「三十年戦争」(宗教戦争)
  (3) 1806年のフランス，ナポレオン軍の侵攻
  (4) 1918年の第一次世界大戦の敗戦
  (5) 1939～1945年の第二次世界大戦の敗戦

最近500年間，絶えず戦火の中の国民であった。

第10章　ドイツの森

(2) ゲルマン系民族の特有業績

民族とその特性については、すでに93ページで詳しく述べたが、ゲルマン系民族の近世、近代における活躍は人間社会に貢献したものが多い。

几帳面で根気強いこの民族は、

天文学、考古学、微積分、計算術などの、ち密さを要する方面で大きな業績をあげている。

とりわけドイツ民族は街、町を美しく保つことに努力し、有名ないくつもの街道をもつほか、道側の家々の出窓には、かれんな花々が並べられて街、町をいろどっているのである。

(注) 大きな道路では
　　車道、自転車道、歩道
　　の3つが整然としている。

ゲルマン系民族　長男、長女タイプ
　(代表) イギリス、ドイツ
ラテン系民族　次男、次女タイプ
　(代表) イタリア、フランス

美しい数々の街道の国

有名なものだけで9街道もある
- エリカ街道
- メルヘン街道(600 km)
- ロマンティック街道(350 km)
- 古城街道
- アルペン街道
- ファンタスティック街道
- 黒い森街道
- ワイン街道
- ゲーテ街道

美しい木組みの家並み

② "三十年戦争"が生んだ『統計学』

(1) 「計算師」という新職業

イタリアから始まったヨーロッパの15〜17世紀の大航海時代では、未知の航海の安全のために天文学が発達した。

すでにイタリアの章で述べたように、天文学と商業活動のために計算術の要求が高まり、それによって大きく向上していった。

このため「計算師」という新しい職業が誕生し、

- 計算請負業
- 計算記号の創案
- 速算術の工夫
- 小数, 対数の創設

さらに計算教科書発行や計算学校を設立したりしたのである。

ドイツの計算師は右のようなめざましい社会的活躍をしている。

―― 計算記号の創案 ――

記号	年	国	人
＋, －	1489年	**ドイツ**	ビドマン
√	1521年	**ドイツ**	ルドルフ
( )	1556年	イタリア	タルタリア
＝	1557年	イギリス	レコード
÷	1559年	スイス	ハインリッヒ
×	1631年	イギリス	オートレッド
＞, ＜	1631年	イギリス	ハリオット
・(乗法)	1698年	**ドイツ**	ライプニッツ

(注) 18世紀ドイツの数学者オイラーは π, i, e, f などの記号を創案する。

有名ドイツ計算師(16世紀)

- アダム・リーゼは優れた計算力をもち、速さと正確さが定評で、ドイツでは正確さの表現として、「アダム・リーゼによれば…」の語がある。
- ルドルフは一生かけて円周率の値を求め、小数35桁を得た。後世ドイツでは円周率のことを「ルドルフの数」という。

第10章　ドイツの森

(2)　荒廃から再建で〝必要な学問〟

　ドイツは 14〜16 世紀，加盟都市 90 近い「ハンザ同盟」の結成で活気を呈し，発展をとげていた。

　中でもリューベック，ハンブルク，ブレーメン，ケルン（現在でもハンザ自由都市）などドイツが同盟創始都市で，これらは通商で大いに繁栄をしていた。

　しかし，国内でのカトリックとプロテスタントの抗争が広がり，上のように周辺諸国が介入し，30 年間という長い期間の戦争で人口も激減し，動産，物資も大きく不足した。

　このときドイツ再建に立ちあがった経済学者コリングは，国勢調査という『統計学』の方法で，そのときの国力をとらえたのである。

```
―― 三十年戦争 ――
    (1618〜1648)
┌──────────┬──────────┐
│ カトリック │プロテスタント│
│  (旧教)   │  (新教)    │
└──────────┴──────────┘
  スペイン    デンマーク
             フランス
             スウェーデン
この結果，オランダ，スイス
独立
```

かつての繁栄を残す同盟盟主のハンブルク
――河の両側の倉庫群――

　　繁栄後の伝染病からのイギリス統計
　　戦乱後の荒廃再建からのドイツ統計

似ていて，また対照的な動機からの新しい学問の成立である。

　18, 19 世紀には，101 ページの地図のように，ゲッティンゲン大学，ケーニヒスベルク大学（当時ドイツ領），そしてロシアのペテルブルク大学の三大学が〝数学黄金時代〟を築き，多くの学者が往来した。

③ クイズ＆パズル＆パラドクス

QP 1

"円を回転する" というクイズ，パズルは多い。

いざとなれば実験できる，という易しい問題から挑戦してもらうことにしよう。

(1) 百円硬貨の1枚を固定し，他をこの周囲にそって，すべらないように反対側まで回転したとき，百円硬貨はどのような向きになるか。

(2) 半径が $\frac{1}{3}$ の小円を，大円の円周で回転させると，小円上の点Ｐは……の跡を描く。いま大円の外側を回転させると，どんな図形ができるか。

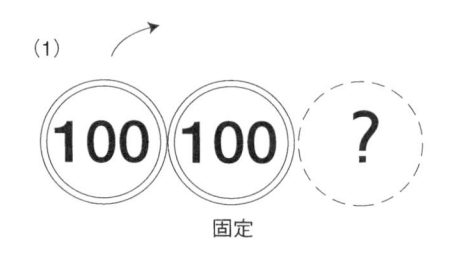

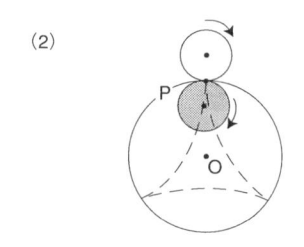

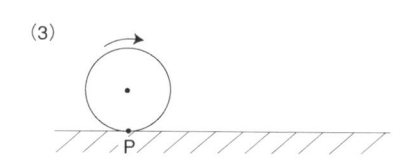

(3) 円を直線上で1回転させると点Ｐはどんな図形を描くか。

(4) 下のような凸凹を，円が回転しながら動くとき，円の中心Ｏはどんな図形を描くか。

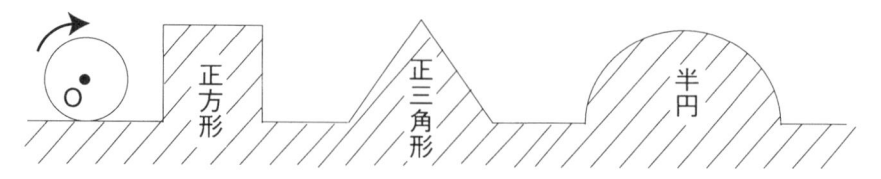

第10章　ドイツの森

QP 2 華麗なバトン・トワラーズというものがある。

棒の中心をもってこれを1回転させると，棒の先端は円を描く。

さて，ここで問題である。

この棒を1回転したときできる図形の面積を最小にするとき，その図形はどのような形か。

QP 3 円の問題の発展として球の問題を考えてみよう。

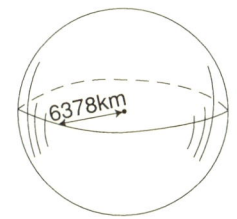

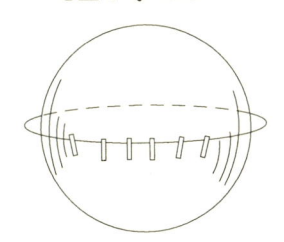

地球の赤道半径は約 6378 km であるが，この赤道にそってきっちりと電線を1巻きした。（結び目は考えない）

そのあと 3 m の電信柱を立てて地球から 3 m 離れるようにしたとき，この電線の長さを何 m ふやせばよいか。

QP 4 高さ 3,000 m の山頂から，どこまでの範囲が見えるかを考えてみよう。

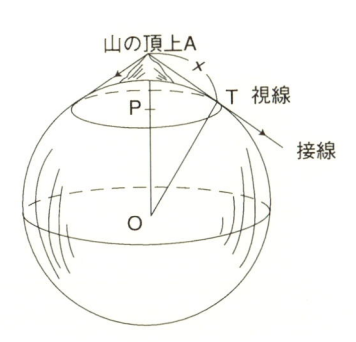

山頂Aから球面の接点Tで，ATを x km とし，地球の半径 TO を 6378 km として，三平方の定理

$$AO^2 = AT^2 + TO^2$$

より AT の長さを求めよ。

また，視線限界の円の半径 PT も求めよ。

QP 5 右の図をもとにした，次の計算は何を求めるものであろうか。

三平方の定理から
$$x^2+r^2=(r+0.005)^2$$
これを計算し
$$x^2=(r+0.005)^2-r^2$$
$$x^2=r^2+0.01r+0.005^2-r^2$$
$$x^2=0.01r+0.000025$$
$r=6378$ なので，これを代入し
$$x^2=63.78+0.000025$$
$$x^2\fallingdotseq 64$$
$$\therefore\ x=8\ (負はとらない)$$

QP 6 直径 10 cm のボールが右の図のようにたて 50 cm，横 80 cm の箱の中にきっちりと詰められてある。この箱に同じ大きさのボールをもう 1 個詰めることができるという。

どのようにしたらよいか。

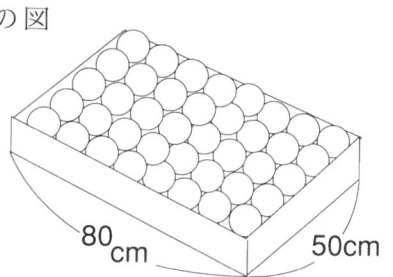

QP 7

右の 2 つの図で
(1)では 4 つの斜線の面積の和と等しい部分の図を示せ。
(2)は斜線の面積を求めよ。

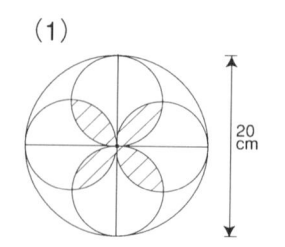

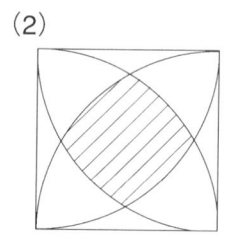

第10章　ドイツの森

QP 8　半円の紙がある。これを図のように，QRで折り，$\stackrel{\frown}{QPR}$ が直径ABと点Pで接するようにしたい。

折り目のQRの位置を作図せよ。

うまくできたとして，ヒントの図を参考にすると，アイディアがヒラメクであろう。

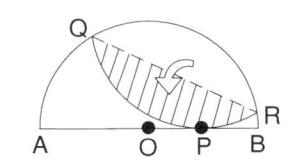

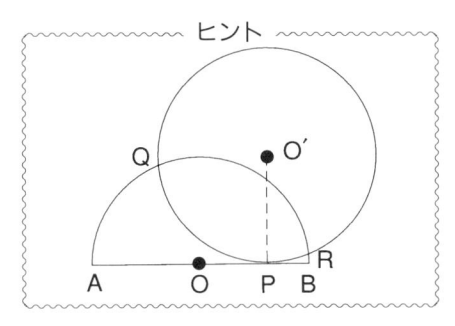

ヒント

QP 9　「半円の弧の長さと，この円の直径とは等しい」というパラドクスを考えよう。

(1)の図では
$$\stackrel{\frown}{AB} = \stackrel{\frown}{AO} + \stackrel{\frown}{OB} \quad （記号 \frown は弧の印）$$
は簡単に証明できる。

同じ論法で

(2)も，(3)も半円の弧の長さと波線の長さとは等しい。

さらにこれを続け波線をこまかくしていくと……，ついには直径に一致してしまう。

よって，半円の弧と直径とは等しい？

サテ，どこがおかしいのか。

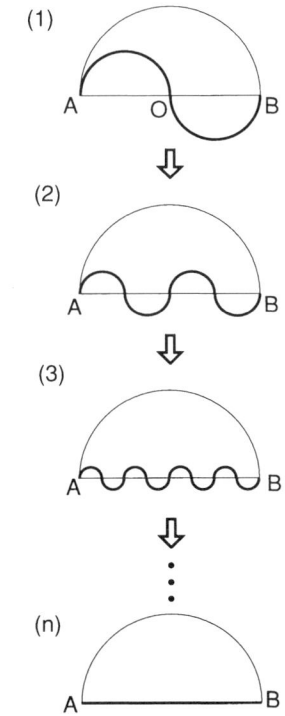

QP 10 第二次世界大戦中のドイツでの話である。
食糧，物資が不足の時期とあってパンも配給制度であり，1個の重さも定められていた。

あるひとり暮しの老統計学者は，パンを購入するたびに目方を測ってグラフにつけていたが，その日によって規定の目方より軽いものがあったので，パン屋に注意したところ，その後はいつも規定以上の重さになった。

グラフをつけ続けていた彼は，「この店は相変らず不正のパンをつくっている」として当局に訴え，そのパン屋は罰せられたという。

老統計学者は右のグラフから何を発見したのか。

注意以後，学者が買ったパンの重さの分布

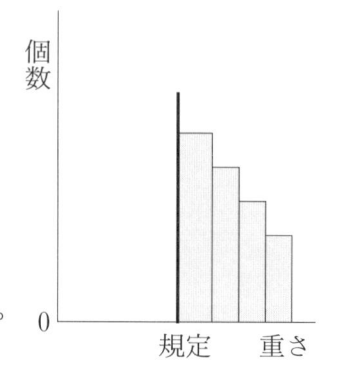

QP 11 右の計算では途中正しいように思われるのに，結果がおかしい。

どこに問題点があるのか。

― 1 mの半分は5 cm？ ―

$\dfrac{1}{4}$ m $= 25$ cm

は正しい。

いま，この両辺の平方根をとると，

$\sqrt{\dfrac{1}{4}}$ m $= \sqrt{25}$ cm

これより

$\sqrt{\left(\dfrac{1}{2}\right)^2}$ m $= \sqrt{5^2}$ cm

∴ $\dfrac{1}{2}$ m $= 5$ cm

QP 12 A市からB市へ自動車で行くのに，行きは毎時40 km，帰りは毎時60 kmの速さで走った。

この人は平均毎時何kmで走ったのか。

（ヒント） $(40+60) \div 2 = 50$
　　　　50 kmという値ではない。

第11章　フランスの城

石，水，森の"調和美"で有名なシュノンソー城（ロワール河畔）

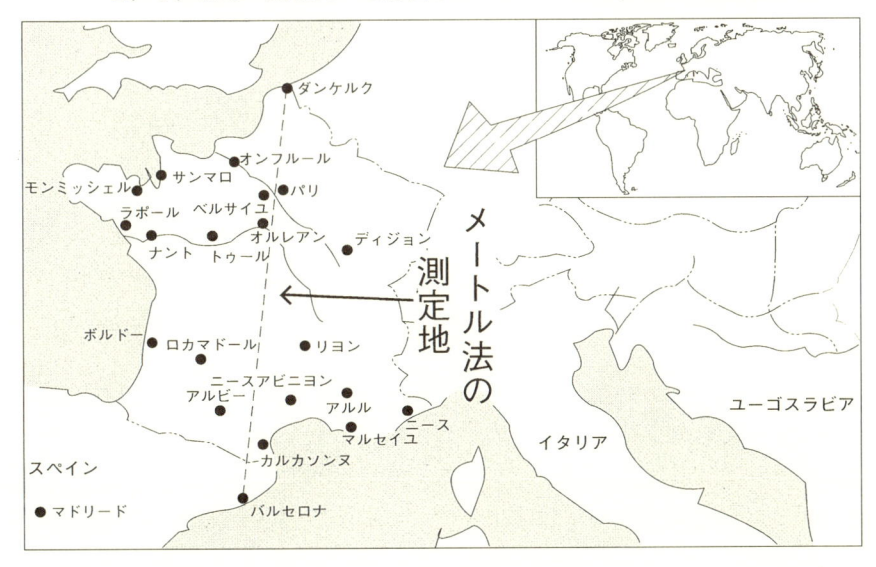

① 金の卵を生む学校

(1) 太古人類の住んだ土地

フランスの国土は右のように周囲を多数の国々によって囲まれたところである。

つまり、人が集まる温暖で快晴の多い平野であり、太古の人類クロマニヨン人が住み洞窟壁画を描いた土地であった。

1万年ほど前にはカルナックなどに巨石記念物もつくられている。

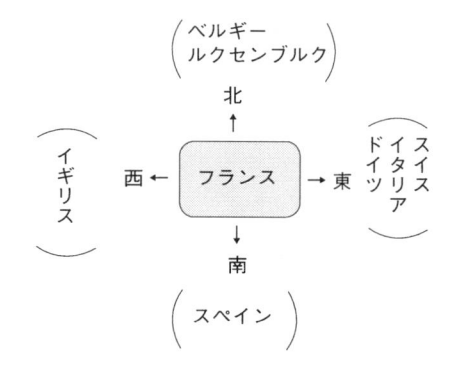

紀元前10世紀ごろ、中央の部分にケルト系ガリア人が占領していたが、その後ラテン系ローマ人が征服した。

紀元前1世紀にカエサルが率いるローマ軍が統治し、ガロ・ロマン文化を築いたが、5世紀にメロビング朝、8世紀カロリング朝と続き、この王朝で、カール大帝が大帝国を建設し、文化をたかめた。

以下次のように。

```
―――― カール大帝（在位768〜814年）の死後，孫の代に3分裂 ――――

          ┌ 東フランク王国 ――→ ドイツ
カロリング朝 ┤ ロ タ ー ル 王国 ――→ イタリア，オランダ，アルザス
          └ 西フランク王国 ――→ フランス
```

第11章　フランスの城

　近世フランスの衣食住の華麗な文化は後世の世界各国のモデルとなったが，それは同じラテン系民族であるイタリアからの伝来や刺激が多い。
　たとえばフランス料理はイタリア，フィレンツェの大富豪メディチ家の娘を王妃にむかえたとき，彼女から伝えられたものである。

(2) ナポレオンの3つの名言

　良くも悪くも，1時期のフランスを大発展させた偉人の1人がナポレオンであろう。

　彼はいくつもの名言を残しているが，右の3つが有名なものといえよう。

　彼自身，陸軍士官学校を出た砲兵将校で，この学校からは教授をふくめ著名数学者の卒業生が多い。また，エコル・ポリテクニク（高等工芸学校）は砲工，技術学校を兼ねた兵学校であり，ここの教授や出身者にも多数の数学者が輩出していたので，ナポレオンは，ここを「金の卵を生むめんどり」とよんだのである。

（吹き出し）
①金の卵を生むめんどり（学校）だ
②兵士よ！ピラミッドの4000年の歴史が見ている
③数学の進歩と完成は，国家の繁栄に結びついている

ナポレオン
（1769〜1821年）

陸軍士官学校（1752年創立） 　　エコル・ポリテクニク（1794年創立）

② メートル法で世界統一

(1) 地球内の"世界は1つ"の発想

中世のヨーロッパの人々の世界地図は右のようであり，十字軍輸送時代には，「ポルトラノ型海図」（ピサ図の改良したもの）ができたが，ほとんど地中海周辺のものであった。

しかし，大航海時代になると地球内の全地域と交易や接触をもつようになり，"世界は1つ"ということになった。このことから必要が起きたものはいろいろあり，

TO図（TO map）

○交通路　○通貨　○量単位　○時刻　○言葉

などがそれであった。

15世紀以降，各国でつぎつぎと世界地図が制作されたほか，

1875年　世界16か国による万国度量衡同盟で『メートル法』を制定
1884年　世界25か国参加の万国子午線会議で『時間・時刻』の基準経線0°決定

などの国際化が定められた。

『メートル法』はフランスによるが，ダンケルク——パリ——バルセロナ間を何度も三角測量し，その「4万分の1」を1メートルとしメートル原器を作った。

パリ国際度量衡局
（パリ郊外サン・クル公園内）

第11章　フランスの城

(2) 近世幾何学の誕生

"幾何学の世界"では，紀元前3世紀にユークリッドが古代ギリシア300年間の研究を集大成して13巻にまとめた『原論』（通称ユークリッド幾何学）が完成した後，これに代わるものも超えるものも，著作されていなかった。

しかし，17世紀に入り，デカルトが代数と幾何を融合した座標による幾何学を創案した。フランスではそのあと下のように，次々新しい幾何学を創案したが，いずれも何らかの形で戦争とかかわっていた。

デカルト　三十年戦争で，将校としてドイツに侵攻し，ドナウ河畔での露営中のウタタネの折，"座標"のアイディアが浮んだという。

モンジュ　ナポレオンのロシア遠征に参戦し，フランス敗北で総退却したとき，シンガリ部隊として残り，捕虜収容所に入れられた。ここの白い壁を紙，暖房用消し炭をペン代りとして研究し，帰国後まとめた。

ポンスレ　大砲攻撃に強い要塞の新しい作図設計法を考案した。これは軍の重要秘密として30年間，公にすることが禁じられた。

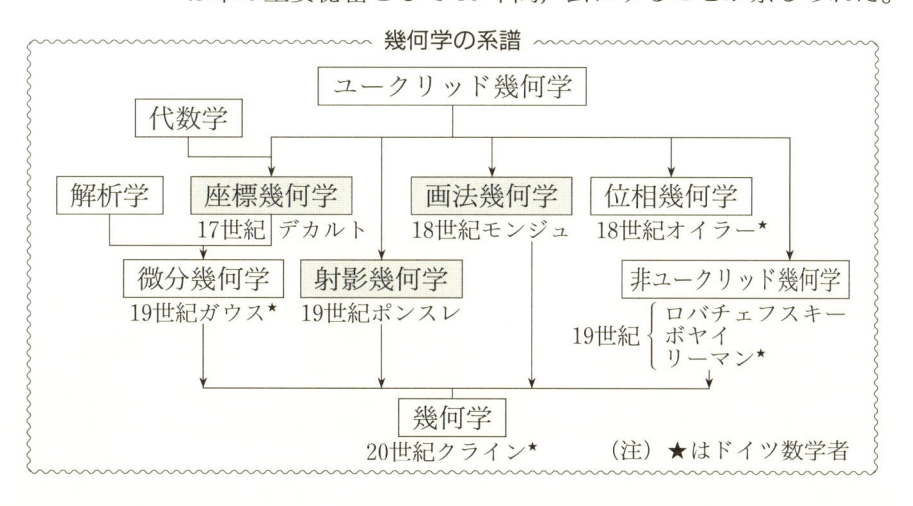

幾何学の系譜

```
                    ユークリッド幾何学
                           │
         代数学 ────────────┤
           │               │
  解析学   座標幾何学    画法幾何学   位相幾何学
           17世紀デカルト  18世紀モンジュ 18世紀オイラー★
           │               │
  微分幾何学 射影幾何学              非ユークリッド幾何学
  19世紀ガウス★ 19世紀ポンスレ        19世紀 ┌ロバチェフスキー
                                           ├ボヤイ
                                           └リーマン★
           │               │
                    幾何学
                    20世紀クライン★   （注）★はドイツ数学者
```

115

③ クイズ＆パズル＆パラドクス

QP 1　大小3枚の正三角形が重なって右のように並べられてある。

正三角形1枚をつけ加えて，合同な正三角形7枚の図形をつくれ。

QP 2　『ナポレオンの問題』という問題がある。

「円に内接する正方形を，コンパスだけで作図せよ」

試みてみよう。

（ヒント）　これはコンパスで直線を引くことができないので，「円周上に正方形をつくる4点をとれ」という問題と考えよ。

QP 3　ナポレオンがセントヘレナ島に島流しになったとき，退屈をまぎらわすため，数学好きの彼は『ラッキー・セブン』をして楽しんだ，という。

右に示した(1)，(2)を，上でつくった7切片（チップ）を使ってつくってみよ。

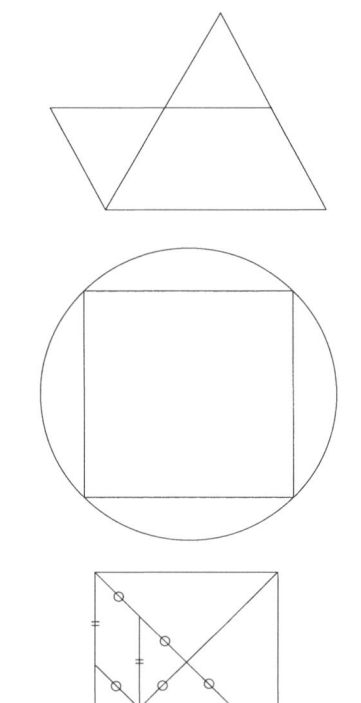

ラッキーセブンの紙型

(1) あひる　　(2) うさぎ

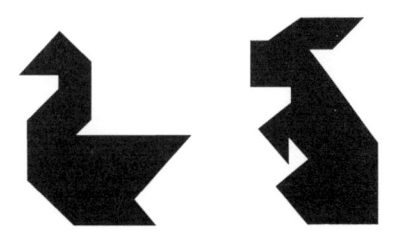

第11章 フランスの城

QP 4 フランスの中世の『数占い』では、"7"は「神の如き完璧さを象徴する数」と考えられ、"神秘の数"とよばれた。

この7にちなんだ、次のおのおのに答えよ。

(1) $\frac{1}{7}$ を小数になおせ。つぎにその結果の特徴をいえ。

(2) 次の計算をせよ。

① 15873×7 ② 12345679×63

QP 5 次はある一連のものの図案化(?)である。そのルールをいえ。また、それにもとづいて2つの□をうめよ。

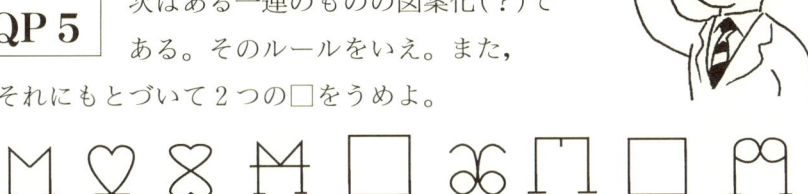

QP 6 次の図形を、それぞれ合同な図形で分割せよ。

(1) 2等分せよ。

(2) 4等分せよ。

(3) 4等分せよ。

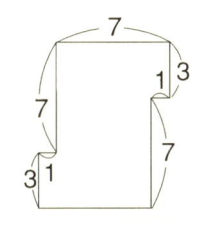

QP 7 右のような1辺10mの正方形の土地に、真中を池とし、周囲を花壇にする計画をたてた。

このとき、図の5つの部分の面積はすべて等しくしたい。池の1辺の長さはいくらにしたらよいか。

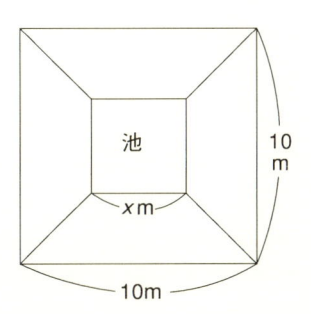

QP 8 直径 30 cm の円で，右のように，10，20 cm を直径とする円弧を描くと，お祭のマークのような図形ができる。

この図形でA（斜線），B（白），C（点々）のそれぞれの部分の面積の比を計算せよ。

QP 9 1辺 10 cm の正方形があり，斜線の三日月はそれぞれ各辺上の半円と正方形の外接円とにできた図形である。

正方形と「三日月4つの和」とではどちらの面積が大きいか。

QP 10 確率の実験器の1つに，右のような素朴なパチンコのようなものがある。

上のひもを引くと，小玉のパチンコ玉が落ち，釘に何度かハネたのち，下のワクの中に収まる，という仕掛けである。

さて，下に落ちた小玉はどのように分布するか，次の中から選べ。また理由もいえ。

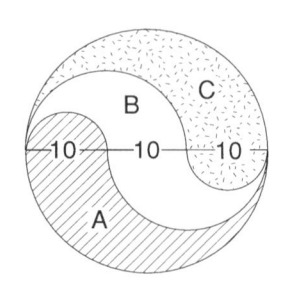

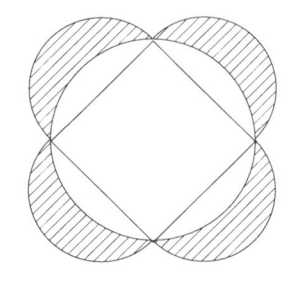

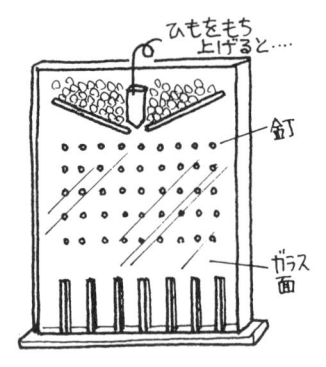

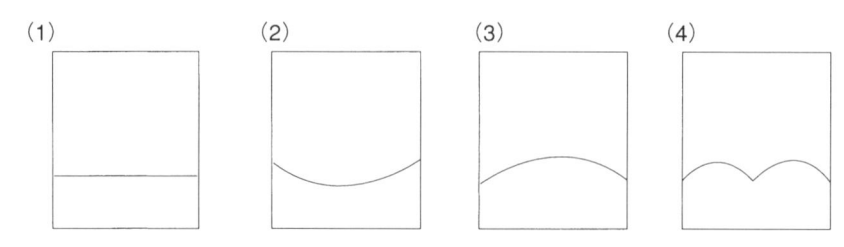

(1)   (2)   (3)   (4)

（ヒント） これはフランスの数学者，哲学者パスカルの研究である。

第11章　フランスの城

QP 11　1+1=2 は古今東西，誰もが信じ続けてきた公理のようなものである。

ところが円を使うと，オヤ不思議‼　下のように1+1=3，1+1=4 という結果がでてくる。これについて説明せよ。

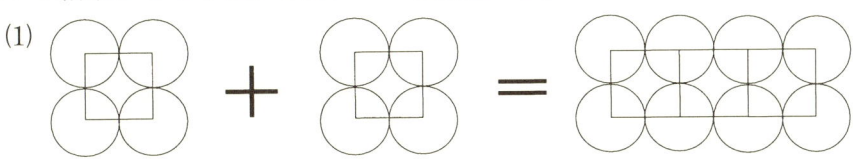

(1)

正方形に着目すると　1+1=3 ?

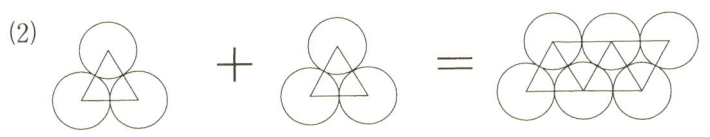

(2)

正三角形に着目すると　1+1=4 ?

QP 12　確率の計算でも，加法でマカ不思議なことが起こる。

いま，

(1)のつぼには白球1，黒球2

(2)のつぼには白球2，黒球3

が入っている。それぞれ白球をとり出す確率は　(1) $\frac{1}{3}$，(2) $\frac{2}{5}$ である。

この(1)，(2)の球を(3)のつぼに入れると，白球3，黒球5になるので白球が出る確率は $\frac{3}{8}$ である。(1)，(2)から

$$\frac{1}{3}+\frac{2}{5}=\frac{3}{8}$$

という妙な分数の加法が成立してしまう。

どこがおかしいか。

白球をとり出す確率は $\frac{1}{3}+\frac{2}{5}$ から $\frac{3}{8}$?

QP 13　フランスの伝統ある古城や館では，美しい庭園をもっていることが多い。

その庭園には，植木を使った迷路のような幾何図形がつくられているものをよくみかける。

次の迷路(1)，(2)に挑戦せよ。

西欧代表のイーエスコフ城の低木迷路

(1) 宝物は持ち出せるか？　　(2) 恋人2人は会えるか？
　　　　　　　　　　　　　　　　（迷路の外には出ないこと）

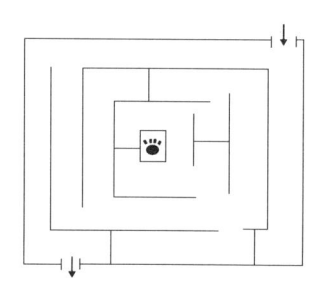

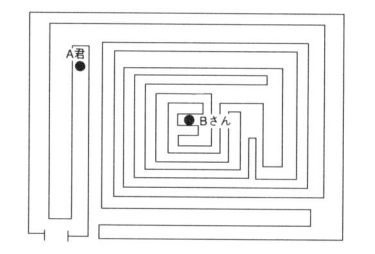

QP 14　遊びやゲームなどで，よく『アミダクジ』を用いることがある。

右のアミダクジで，A〜Eはそれぞれどの木をとることになるか。

また，全員がすべて別々になるのはなぜか。

（参考）アミダクジの語源は
　○アミダ（阿弥陀）仏の功徳が平等
　○クジの形が放射状でアミダ仏の
　　後光に似ている
　の説がある。

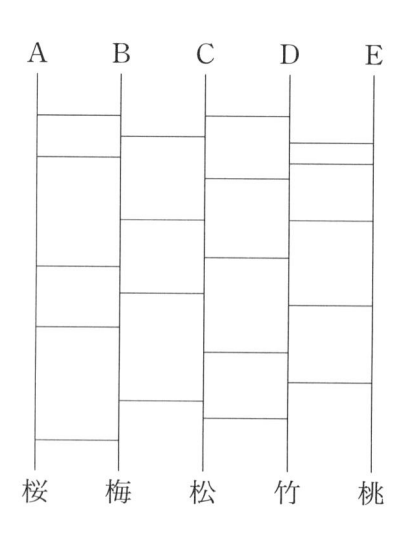

A　B　C　D　E

桜　梅　松　竹　桃

第12章　ロシアの雪

冬のペトロパブロフスク要塞（サンクト・ペテルブルク）

① 血と英雄と芸術の都

(1) 革命，粛清，戦争の血

世界の歴史をみると，メソポタミア（現イラク）やフランスなどのように温暖な農耕地帯は，つねに周辺民族から侵入を受け，征服・統治されるということがあった。

しかし，ロシアの国土は北方の冷寒地にあり，人間が住むにはあまり適した地帯ではないが，右に示すように，外からの攻撃，内の革命など，国民が大量の血を流す悲惨な歴史で綴られている不思議な国である。

しかし，強大な軍力，フランス軍は70万人，次のドイツ軍は50万人という大攻勢にもかかわらず，多くの血を流して守り抜き，"雪将軍"の味方を得て勝利する，というねばり強い悲劇の国民性をもっていた。

――― ロシアの略歴 ―――

9世紀半	東スラブの最初の統一国家，ノブゴロド公国
10世紀末	キエフ大公国，国家統一
13世紀	キプチャク・カン国（モンゴル人）建設
15世紀	モスクワ公国独立
17世紀	ロマノフ王朝成立
18世紀	ピョートル大帝，ペテルブルク建設。女帝エカテリナ二世（ドイツ人）のとき，大国になる。

革命，粛清，戦争史

① フランス，ナポレオンのロシア遠征，モスクワ占領（1812年）
② 日露戦争敗戦（1904年）
③ 第一次世界大戦（1917年）
④ ロシア革命
　　第1次　（1905年）
　　第2次　（1917年）
⑤ 第二次世界大戦（1939年）

第12章　ロシアの雪

(1)　"西欧への窓口" サンクト・ペテルブルク

　ロシアを代表するピョートル大帝（1689～1725年）は、後進国からの脱皮を目ざし、"西欧に追いつけ、追いこせ"を目標とし
- 内政改革
- 領土的野心
- 文化奨励
- 西欧文化政策

西へ窓を開けよう

唯一不凍港サンクト・ペテルブルクのストレルカ灯台

などの推進の1つの具体的方法として、外海へ進出のための良港建設を計画した。(1703年5月) ネバ川の三角州上の沼地のイングリア（後のサンクト・ペテルブルク）の地が選ばれ、大帝はこの地に多量の土や石を遠方から運び水面から9メートルもかさあげした人工土地を造成し、貿易港、漁港、軍港の港町を建設したのである。

　しかし、これにも多くの血が流された。

　ロシア各地から集められた労働者は、寒さや疫病で死者3万人とも10万人ともいわれている。（ピョートル大帝も労働に参加したという）この"西欧への窓口"は、芸術、学問の都となり、美しい都として「水の都」「白夜の都」「芸術の都」の名が与えられた。

　一方、2月革命、10月革命の地、そして、第2次世界大戦でドイツ軍の攻撃に対し「900日の包囲」に80万人の死者を出しなお屈しなかった都として、「英雄の都」の名も与えられている。

　かつて、この都はペトログラード、レニングラードなどと呼ばれていた。

ペテルブルクの900日戦闘記念塔

② 『確率論』と文学

(1) 女流数学者は壁紙の夢から

　数学の世界では，古今東西，女流数学者は極めて少ない。

　これは社会的な種々の制約，束ばくがあったことが大きな要因であるが，一般にいわれるように，この学問があまり女性に向いていないのかも知れない。（『差異心理学』より）

　とはいえ，女性解放運動が盛んになった18, 19世紀に，フランス，イタリア，ドイツなどから数人の女流数学者が出，ロシアでは，ソーニャ・コワレフスカヤがいた。

　彼女は1850年モスクワで生まれたが，右のように，数学の才能は遺伝的にもっていたと考えられる。父は軍務でしばしば移転し，生活もさほど豊かでなかったため，家の子供部屋の破れた壁には壁紙が貼られていた。

　ソーニャは毎日，壁紙の奇妙な記号や数式に関心をもって見ていた。実はこの紙は，父が学んだ微積分の本のページの紙であった。その潜在知識から彼女が15歳で微分学を学んだとき，以前から知っていたように，楽に内容を理解することができたという。

　後に，『偏微分における方程式論』でゲッティンゲン大学から博士号を受けた。そうした数学の勉強の中で，気分転換に文学も研究し，文才

コワレフスカヤ
(1850～1891年)

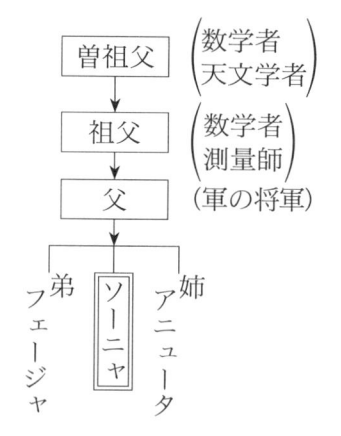

曽祖父（数学者 天文学者）
祖父（数学者 測量師）
父（軍の将軍）
弟 フェージャ　ソーニャ　姉 アニュータ

第12章 ロシアの雪

は世間から認められていたという。

彼女は次の素晴らしい言葉を残している。

〝「詩人の魂をもたない人は数学者になれない」というのは，まったく正しいと思います。詩人も数学者も他の人が知覚しないものを知覚すべきです。〟

（注）「詩人の魂…」は，19世紀ドイツ数学者ワイヤストラスの言葉。

〝数学と文学〟については別の興味あるものがある。

作家プーシキンの『スペードの女王』（1834年）

小説家ドストエフスキーの『賭博者』（1866年）

は，いずれも確率の話が語られている。

当時のロシアにはペテルブルク学派という『確率論』の研究集団が大活躍する社会であったこともあり，その影響で確率をテーマにした小説が生まれたのも，当然であろう。

ロシアといえば，現在バルト三国の西にあるロシアの飛び地になっているカリーニングラード（旧ドイツ領ケーニヒスベルク）が〝一筆描き〟の誕生地として有名である。（詳しくは，第2巻参照）

1730年頃，右の図のような「町を流れるプレーゲル川にかかる7つの橋を，1回ずつしかもすべてを渡ることができるか」という問題が人々に興味をもって挑戦されたのである。

これは後に数学者オイラーが〝不可能〟と解決した上，『トポロジー』という新しい数学を創案した。

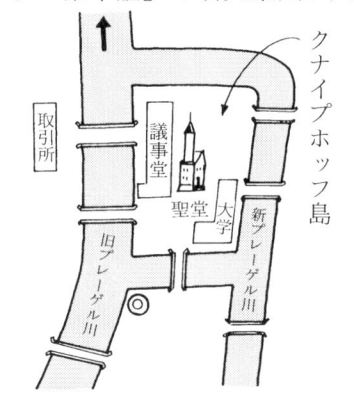

当時のケーニヒスベルクの町の地図

上図の◎印から撮った中島の『聖堂』

125

③ クイズ＆パズル＆パラドクス

QP 1　"ロシア"といえば，数学関連で有名なものに次のようなものがある。

ロシアン・ルーレット　　　ロシア・ソロバン　　　マトリョーシカ

ショーティー

（弾丸が1つ入ったピストルを順に回す危険なゲーム）

（ギリシア・ローマの「アバクス」から改良され，ロシアを経由し中国，そして日本へ）

（つぎつぎと子が入る人形の置物オモチャ。「入子算」という数学がある。）

(1)　3人でロシアン・ルーレットの遊びをすることにした。
　　弾丸はもちろん空砲である。はじめの2人が難をのがれたとき，3番目の人が弾丸に当たる確率はいくらか。ただしこれは5連発とする。

(2)　上のロシア名産マトリョーシカに似たものが身近に多い。計量スプーンやお皿，鍋などの相似形のいくつかを組にしたものがそれである。
　　これから「入子算」というパズルがつくられている。
　　「いま，入子状の鍋が5個ある。最小の鍋は500円であり，あと順に前の鍋の2割高となっている。5個すべての値段はいくらか。」

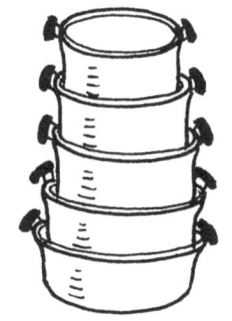

入子状の鍋

第12章　ロシアの雪

QP 2　「21ゲーム」というゲームがある。

これは2人が順を決めたあと，1，2，3のどれかを紙に書いて相手に示すと，相手も1，2，3のどれかを加えた数にして先手に示す（右参考），という方法を続け，最後に"21"を書いた方が勝ちというゲームである。

これの必勝法を探してみよ。

（ヒント）　これは「17ゲーム」と同じであることを利用せよ。

```
先手        相手(後手)
 2  --+3--→
            5
    +2
 7  ←---
    --+3--→
            10
       +1
 11 ←---
    --+3--→
            14
       +3
 17 ←---
    --+2--→
            19
       +2
 21 ←---
```

QP 3　本来ゲームは，すべての参加者に平等であるはずだが，ゲームの種類によっては，作戦で必勝することができる。いま，次のゲームを考えると，これには「必勝法」がある。

「7個の石を2人が順に，1回に1個か2個を取り，最後に取ったものが勝ちとする。」

その方法は右のようにする。

これをヒントにして，次の碁石取りゲームの必勝法を考えよ。

「20個の碁石があり，3人が順に取り，最後を取ったものが勝ちとする。ただし取り方は
 (1) 順に取りパスはできない
 (2) 1回に1個または4個取る
 (3) 2回目から，場に2個もどせる。」

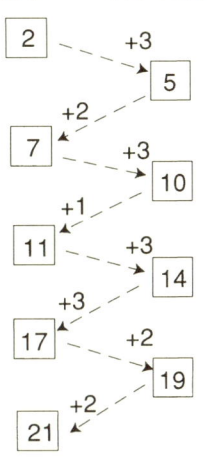

――― 先手必勝のゲーム ―――

① 先手がまず1個取る
② 次に
　相手が1個のとき2個
　相手が2個のとき1個
　取るようにする。
③ 上の方法を続けると
　先手が勝つ

| QP 4 | "一筆描き"（125ページ）の問題に挑戦してもらうことにする。次の9つの図について，

① どこから始めても必ず描ける
② ある特別の点から始めると描ける
③ どう工夫しても絶対描けない

の3つに分類せよ。

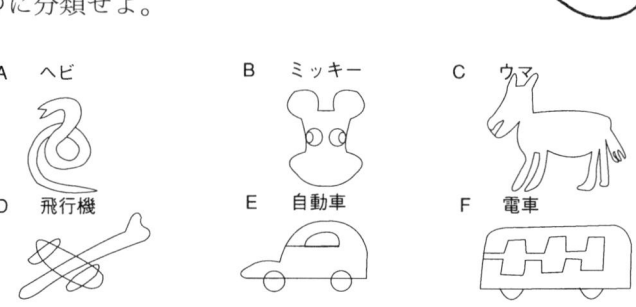

A　ヘビ　　　B　ミッキー　　　C　ウマ

D　飛行機　　E　自動車　　　　F　電車

G　サクランボ　H　バナナ　　　I　リンゴ

| QP 5 | ケーニヒスベルクの7つ橋渡りの問題は右のような4点を通る線を一筆で描けるかどうかの問題と同じであった。

オイラーのすぐれたところはムダを捨て，この線の問題にして考えた点である。

右の地図は東京都内の主要JR線である。

これを「オイラーの考え」による図にかきかえよ。

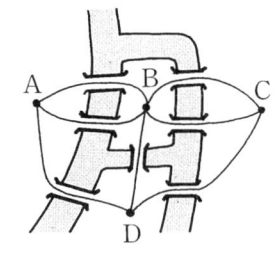

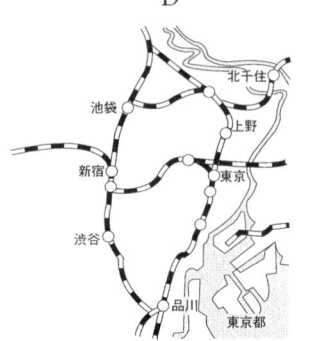

第12章　ロシアの雪

QP 6　右はテレビや新聞で，天気予報や電波基地，ある物資の集積所などを示すのに用いている図である。

実際の日本列島とずいぶん違うが，これのどのような点が役に立っているのか。

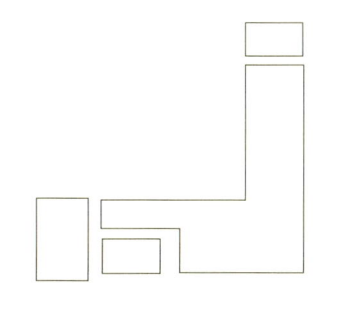

QP 7　かつてロシアとアメリカは人工衛星の激しい競争があり，どちらも故障などの大事故で人命を失っている。

人工衛星の安全度は99.9％といわれているが，反面，危険度は$\frac{1}{1000}$であり，やはり事故の不安がある。

いま，部品が560万個あるとき，この人工衛星では何個の不良部品がある可能性をもっているか。

― 人間と確率 ―

- 交通事故 ⎫
  落　　雷 ⎬ 率　$\frac{1}{1万}$
- 宇宙安全率　$\frac{1}{10万}$
- 人間的尺度で無視してよい　$\frac{1}{100万}$
  （ジャンボくじ1等）
- イン石に当たる率　$\frac{1}{100億}$

QP 8　サイコロの6面のうち，3つの面に○，2つの面に■，1つの面に△の印をつけた2個のサイコロがある。これを同時に投げるとき，(○，○)となる率が一番高そうであるが，そういいきれるか。

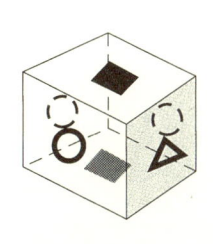

QP 9　同一問題で，解が3つあるという不思議の問題について考えてもらおう。

問題「与えられた円で，1つの弦をかってに引くとき，この弦が内接正三角形の1辺より長くなる確率を求めよ。」

(1) 確率 $\frac{1}{3}$

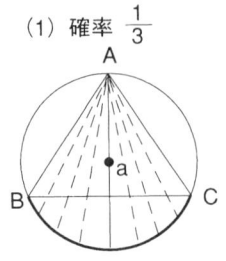

頂点から∠BAC内に弦を引くと，これらはすべてABより長く $\stackrel{\frown}{BC}$ は円周の $\frac{1}{3}$ だから。

(2) 確率 $\frac{1}{2}$

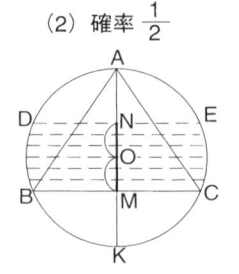

OM＝ONとなる点Nをとると，MNの間ではBCと平行な弦はすべてBCより長いので，NMはAKの $\frac{1}{2}$ 。

(3) 確率 $\frac{1}{4}$

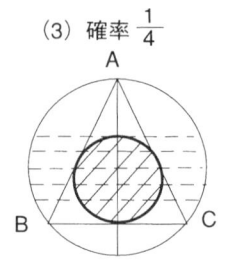

△ABCの内接円を描き，BCより長い弦の中点を調べると，すべて弦の中点は内接円内にある。この内接円はもとの円の $\frac{1}{4}$ の広さであるから $\frac{1}{4}$ 。

さて，上のいずれが正しいか。

QP 10 『セント・ペテルブルクの問題』(1730年)という難問がある。

「A氏がコインを投げ，表が出ればB氏より1円もらい，裏が出ればもう1度コインを投げ，表が出ればB氏より2円もらう。再び裏が出たらもう1度投げる。以下，表が出るまでコインを投げ続ける。これの期待値を計算すると右のような無限大の金額になる。」

どこがおかしいか。

――― 期待値の計算 ―――

コインの表，裏が出る確率をそれぞれ $\frac{1}{2}$ とすると，

$$1\times\frac{1}{2}+2\times\left(\frac{1}{2}\right)^2+2^2\times\left(\frac{1}{2}\right)^3+\cdots$$
$$+2^{n-1}\times\left(\frac{1}{2}\right)^n+\cdots\cdots$$
$$=\frac{1}{2}+\frac{1}{2}+\cdots\cdots+\frac{1}{2}+\cdots\cdots=\infty$$

(注)期待値は(賞金)×(確率)で求める。

(参考)19世紀チェビシェフらによる「ペテルブルク学派」は確率論を発展，完成させた。

第13章　アメリカの草原

不夜城ラスベガスはスペイン語で「肥沃な草原」という

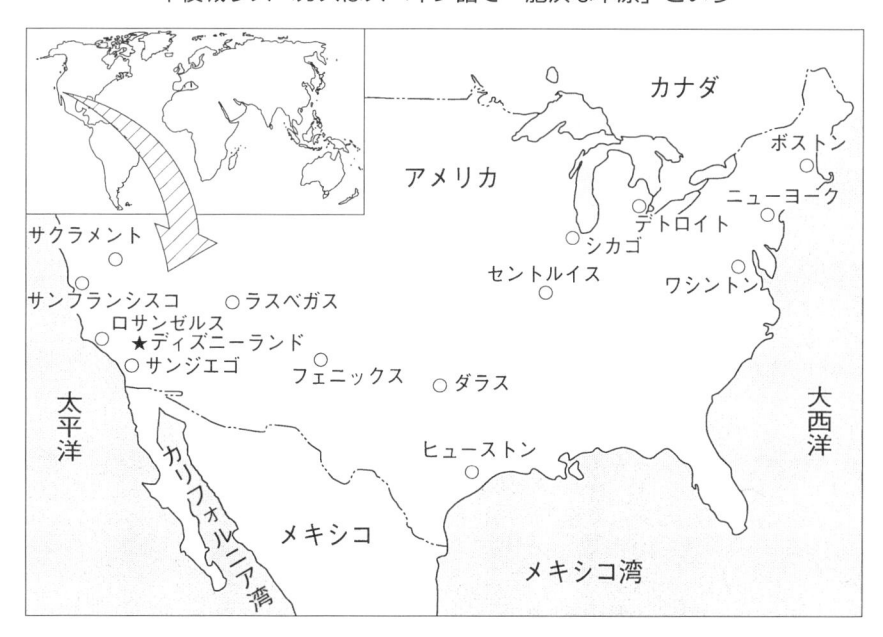

① ホロ馬車隊の開拓精神

(1) イギリス，ドイツ人の根気

『アメリカ』の名称はどこからきたものか？

15世紀イタリアの航海探検家アメリゴ・ベスプッチの探検物語『新世界』（1507年）がヨーロッパで広く読まれたことから，アメリゴが新大陸発見者とされ，彼の名が土地名となった。

元来は，マヤ，インカなどの「インディオ文化」（次章）の地が16世紀以降，スペイン他の先進諸国の植民地になり，次々開拓民が移住した。北アメリカでは，初期は，イギリス，ドイツ人などが移民の多数を占めることになるが，すでに述べたようにゲルマン系民族特有の根気強さと体力とによって，次第に都市を築き，道路をつくり，あるいはホロ馬車隊を組んで未知の地へ夢を描いて旅出つという活気ある社会をもった。

しかし，疫病，内紛，インディアンとの抗争などの大きな犠牲も払ったが，一方，次の面に力を入れ

- 大農場の経営
- 大牧場と牛，羊の放牧
- 金，銀の採掘

などで大繁栄する国へと発展していった。

　　1607年　　最初の入植
　　1775年〜83年　　独立戦争
　　1789年　　合衆国政府成立
　　1861年〜65年　　南北戦争

第13章　アメリカの草原

(2) 砂漠に建設した観光地

　アメリカを代表する歓楽，観光地といえば大賭博地ラスベガス，娯楽地ディズニーランドであろう．（どちらも数学に関係がある）

　ヨーロッパ各国と異なり，300年ほどの歴史しかないアメリカには，遺跡や旧所というものがなく，逆に最新名所が数々つくられている．

　ラスベガスは，1931年ネバダ州が財源を得るために賭博場を公認したものであるが，この地はかつて金，鉄，石炭などの鉱物や牛，羊などの家畜の集積地として発展し，スペイン隊の宿泊地としてネバダ州第1の都市であった．

　フーバー・ダムが1936年に完成し，人工のミード湖もでき，水と電力が豊かなことから大歓楽街を建設し，大成功したのである．

　こうした町の発展史からみても，古くから労働者たちが賭博に興じた地であったが，草原にポツンとある不夜城は奇異である．

　ディズニーランドは1966年カリフォルニア州，ロサンゼルスの東南約57kmのアナハイム市の砂漠の中に建設された．

　ここの広さは，甲子園球場の25倍という広大な面積のため，人の集まる大都市にその土地をとることができなかった．そこでどの場所につくればよいかを，スタンフォード大学の数学の研究室に依頼した．

　数学者たちは，あらゆる条件を詳細に検討した末，「成功の確率は高い」という報告をディズニーにし，これによって砂漠の真中にこの大遊園地の建設を決定した．

　案の定，大成功をしたが，以後，こうした企画について数学への信頼が高まった．

ディズニーランドの周辺

②　コンピュータと「数学特許」

(1) コンピュータの創案とその後

現代社会では，もはやコンピュータは不可欠である。

下に示すように，初期は高速計算処理機として登場したが，やがて，記憶，処理，判断さらに作図など広範な作業をなすようになった。

コンピュータの創案者はノイマン（1903〜？）である。

彼はハンガリーの数学者で，ベルリン大学講師を経て渡米し，プリンストン高等研究所員，計算機械研究所長などを歴任する。数学基礎理論の研究から，コンピュータを創案した。20世紀最大の数学者といわれている。

ノイマン型は「逐次処理型」であったのに対し，その後にできた非ノイマン型は「並列処理型」になっている。

逐次処理型は，計算命令を1つずつ順に処理するのに対し，並列処理機は，いくつものデータを同時にみくらべ瞬時に最適な答をみつけだす方法である。

最近ではチェスの世界チャンピオンとチェス対戦をして3勝1敗2分けと敢闘したほか，日本でも将棋や囲碁と対戦しているが，こちらはまだアマ級という。

コンピュータの種類と発展

第1世代	真空管を用いた大きなもの（1950）	ノイマン型
第2世代	トランジスタによるやや小型のもの	
第3世代	IC（集積回路）	
第4世代	LSI（多層集積／装置高密度IC）	
第5世代	｛超LSI／超格子｝による	非ノイマン型
第6世代	ニューロ（脳神経回路）による	

(2) 数学の研究で大金持？

古来から〝数学の研究成果は人間共通の財産〟といわれ，それによって金品を受けることはなく，わずかに創案者，発見者の名をつけ，後世長くその業績をたたえるのが習慣になっていた。

ターレスの定理，パスカルの三角形，メービウスの帯，などなど。

しかし20世紀後半からの応用数学では，経済界関係の生産現場や企業計画などで，この数学を用いて大もうけすることが多くなり，創案の数学者が，「指をくわえてみている」のが，ばかばかしくなってきた。

そこで数学上の研究を，長い伝統を破って〝特許〟にすることになった。有名なものに1984年開発者名をつけた「カーマーカ法」がある。

これは計算効率を最大10倍にするというもので，この解法を組み込んだシステムが約10億円である。これでは数学者も「アイディア料をよこせ」といいたくなるであろう。

前述のノイマンも研究に熱中した，『オペレイションズ・リサーチ』は，今後特許の対象になる応用数学分野である。

この数学は，第2次世界大戦中，イギリス，アメリカで作戦計画として，統計，確率を駆使し，下のような内容をもつ新数学である。

『オペレイションズ・リサーチ』(O.R.)

（内容）　　　　　　　　　　　　　（例）
- 線形計画法（L.P.）　　　　　何種かの製品の生産量の適量比率
- 窓口の理論（待ち行列）　　　野球場，劇場などの窓口の最適数
- ゲームの理論　　　　　　　　碁，将棋やスポーツの試合はこび
- ネット・ワークの理論　　　　本店と支店，工場と販売店の通路
- パート法　　　　　　　　　　ビル建設などの作業日程計画
- その他
---

③ クイズ&パズル&パラドクス

QP 1 コンピュータといえば，まず電卓特有の数字がある。右を参考にして，2〜9の数字をつくれ。

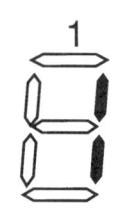

この電卓数字の中で，さかさにしても同じ数字になるものをあげよ。

QP 2 右はコンピュータの2進法の数の加法である。

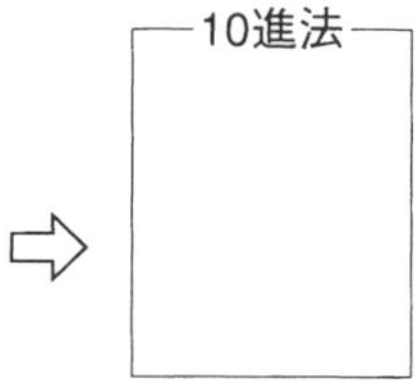

これを10進法の加法にかきなおせ。

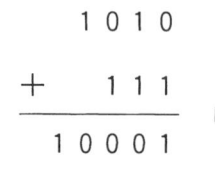

```
  1010
+  111
------
 10001
```

⇒ 10進法

QP 3 お風呂屋さんの靴入れや銀行，ホテルの入口の傘入れなどの鍵によく用いられる平板のさし込み鍵に右のようなものがある。これも2進法の応用である。

右の切り込みの入った鍵は何番か。

(参考) このアイディアは，ミシンでの模様あみや織物機械などでもパンチカード(紋紙)として利用されている。

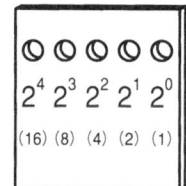

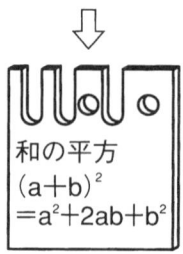

$2^4\ 2^3\ 2^2\ 2^1\ 2^0$
(16) (8) (4) (2) (1)

和の平方
$(a+b)^2$
$=a^2+2ab+b^2$

カード(例)

QP 4 数学の公式や定理などを，厚紙を使った右のカードにかきこむと英単語カードのように便利であるとともに，棒1本でカード整理できる。棒をどのように使えばよいか。

第13章 アメリカの草原

QP 5 右のA〜Eの5枚のカードを使い，相手が考えた数を当てる，という「数当て」クイズがある。

カードの使い方を例で示そう。いま，相手が"25"を考えたとしよう。

質問者　「その数はAカードにありますか？」
相手　　「ハイ，あります。」
質問者　「では続いてB，C，D，Eのカードにあるか見て下さい。」
相手　　「B，Cにはなく，D，Eにあります。」
質問者　「つまり，A，D，Eにあるんですね。では少し待って下さい。」

（頭の中で計算します。
　　1+8+16＝25　　）

質問者　「あなたの考えたのは25でしょう。」
相手　　「ハイ，そうです。？？？」

カードをどのように使って数当てをしたのか，それを答えよ。

ルール（使い方）がわかったら，家族の人や知人，友人にためしてみよ。

A
1	3	5	7	9
11	13	15	17	19
21	23	25	27	29

B
2	3	6	7	10
11	14	15	18	19
22	23	26	27	30

C
4	5	6	7	12
13	14	15	20	21
22	23	28	29	30

D
8	9	10	11	12
13	14	15	24	25
26	27	28	29	30

E
16	17	18	19	20
21	22	23	24	25
26	27	28	29	30

（ヒント）前ページ QP 3 の鍵を参考にせよ。

QP 6 アメリカのサンフランシスコを少し南にいった郊外の森の中に「ミステリー・スポット」とよばれる場所がある。ガイドの説明では，付近の強大な磁力によるといい，
- 下り坂にみえる道なのに，自動車で走ると上り坂。
- 樹木が地面に対して斜めにはえている。
- 水平な板なのに，ボールをのせるところがっていく。

ここで，数学のミステリー図形を紹介しよう。

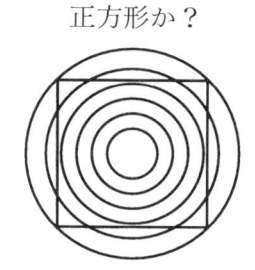

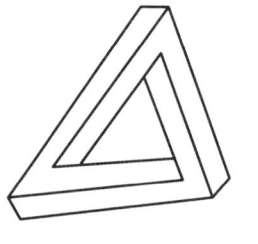

平行か？　　　　正方形か？　　　　つくれるか？

さて，単なる目の錯覚でなくもう少し複雑なものに挑戦してもらうことにしよう。

ここに1辺8cmの正方形の紙があり，これを図のA～Dの小片に切り分ける。

つぎにこの4小片を並べかえると，

ナント!!

$8 \times 8 = 64$

並べかえると

$5 \times (8+5) = 65$

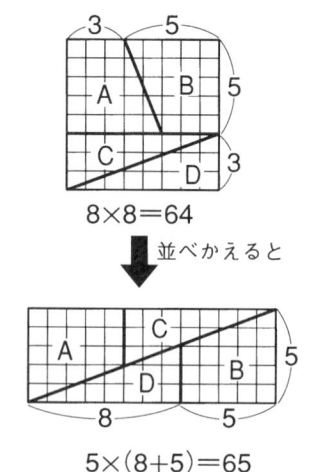

このできた「長方形は，たて5cm，横13cmで面積がもとより1cm²増加するのである。

切るとき，切りクズができて面積が減るならわかるが，どうしてふえたのか。

第13章　アメリカの草原

QP 7 仲良し2人が山道を歩いていたところ，突然熊がとび出しおそいかかってきた。こんなとき，

① 2人協力して熊と闘う
② 相手にまかせて1人で逃げる
③ 2人で逃げる

などがあるが，「死んだふりをする」という有名な物語もある。

さて，次の場合どうするか。

ある容疑で2人が捕えられ別々に取調べを受けた。検事はこういった。

①2人とも黙秘すれば別件でそれぞれ2年の刑
②一方が自白し，他方が黙秘したら自白者は1年，黙秘者は5年の刑
③2人とも自白したら，ともに3年の刑

あなたが容疑者の1人ならば，自白するか黙秘するか。

（注）これは「ゲームの理論」の問題

容疑者の2人

	相手	
	黙秘	自白
私　黙秘		
自白		

（ヒント）私の立場で上の表をうめてみよ。

QP 8 ある大きな駅のターミナルで突然急用を思い出し，電話をすることにした。

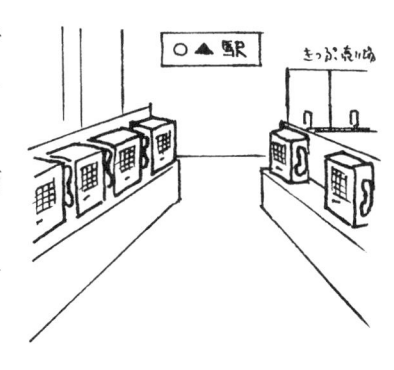

東方には2本の電話に10人が待ち，西方には4本に20人が並んで待っている。

どちらの方に行ったほうが，早く電話することができそうか。

（注）これは「窓口の理論」の問題

QP 9 2種類の食品A, Bについて

$$\begin{cases} 60\,\text{cal 以上の熱量} \\ 6\,\text{g 以上のたんぱく質} \end{cases}$$

をとるのにAとBの量の合計をなるべく少なくしたい。

A, Bそれぞれ何gずつとればよいか。

1gあたり	熱量(cal)	たんぱく質(g)
A	3	0.2
B	2	0.3

QP 10 ある生産工場では1日の供給量の限度は

$$\begin{cases} \text{電力} & 12\,\text{kw 時} \\ \text{原料} & 8\,\text{t} \end{cases}$$

である。

1日の総生産量を最大にしたとき総価格の最大値はいくらか。

(注)上の2問は「線形計画法」の問題

1kgあたりの生産に必要なもの	電力量(kw時)	原料(t)	価格(万円)
A	2	2	5
B	3	1	3

QP 11 あるデパートの花器売り場では,ガラス製,陶器製,鉄製の花器を売っている。

この3つの品の包装と仕分けにそれぞれ右の時間がかかるとするとき,3つの品物の手順をどのようにしたら,できるだけ短時間に終了するか。

(注)これは「パート法」の問題

品物＼係	包装	仕分け
ガラス	5分	3分
陶器	3分	2分
鉄	2分	4分

(注)包装の後に仕分けをするものとする。

第14章　メソアメリカの暦

"暦の民" マヤ人のカラコル(かたつむり)という天文台

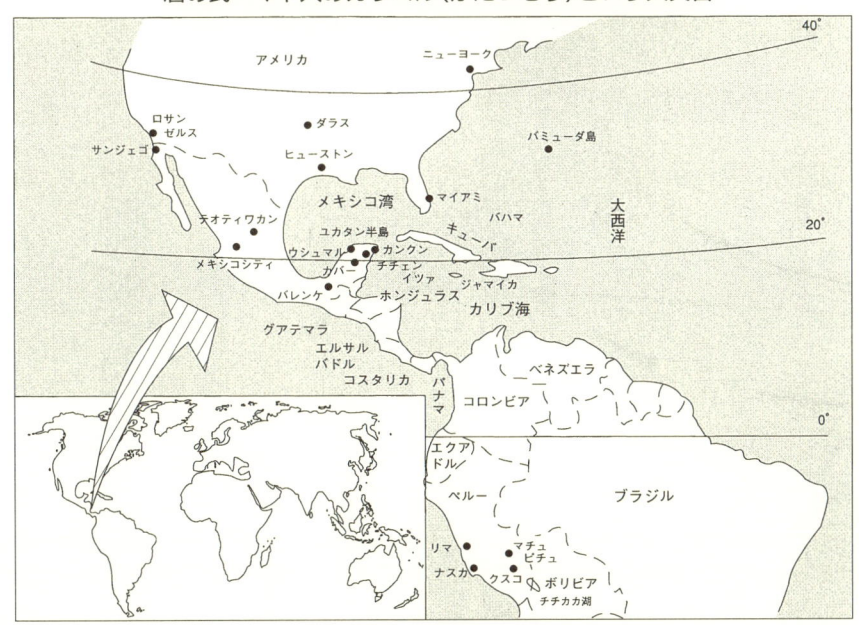

(注) マヤ・アステカ→現メキシコ、インカ→現ペルー

① メソアメリカの文化民族

(1) 生ける古代文化とは？

"メソアメリカ"とは北・南米大陸の間のアメリカ（前ページ地図）で，古代のマヤ，アステカを指し，ここではそれに関連して文化の高いインカを加えた3民族の文化を調べていくことにする。

この3民族は，ヨーロッパ諸国が侵入する15世紀頃まで，栄えていたことから，「生ける古代文化」とよばれている。

中南米3民族の存在，文化史をまとめてグラフにすると下のようである。

中南米の文化

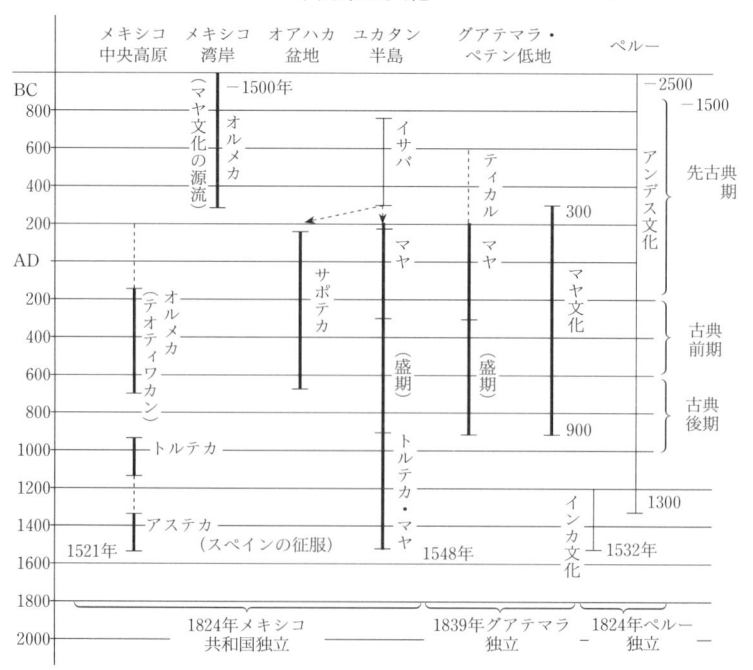

	メキシコ中央高原	メキシコ湾岸	オアハカ盆地	ユカタン半島	グアテマラ・ペテン低地	ペルー	
BC 800		−1500年 オルメカ（マヤ文化の源流）				−2500 −1500	
600				イサパ	ティカル		先古典期
400						アンデス文化	
200			サポテカ				
AD				マヤ	マヤ		
200	オルメカ（テオティワカン）						
400						マヤ文化	古典前期
600			（盛期）	（盛期）			
800					300		古典後期
1000	トルテカ			トルテカ・マヤ	900		
1200							
1400	アステカ					インカ文化	1300
1521年	（スペインの征服）			1548年		1532年	
1800	1824年メキシコ共和国独立			1839年グアテマラ独立		1824年ペルー独立	
2000							

(2) 太陽神と生贄(いけにえ)行事

「われわれが日々くらせるのは太陽のおかげである。明日も太陽に出てきてもらうため、そのエネルギーとして生きた人間の心臓をささげる」

これが"太陽神"信仰と生贄行事なのである。

マヤ、アステカ民族だけでなく、インカ民族も太陽の神殿をもっていた。

心臓をのせた生贄台
(チャック・モール)

また、マヤの乾燥地帯、インカの高原では水不足になることがあり、そのために雨乞いの生贄行事もあった。

いずれの民族にも共通して立派な神殿が多数ある。天文台を兼ねていたという説もあるが、その高度な建設技術は文化の高さも示している。

3民族の滅亡

マヤ民族	1548年スペイン人によって滅亡させられたといわれているが、信仰上"都市放棄"(256年周期)という暦学から自滅したという説がある。
アステカ民族	1521年スペインのコルテス一隊によって滅ぼされたが、600人たらずの軍隊に征服された理由は古くからの『ケツァルコアトル神話』の伝説とコルテスの到来が偶然一致し、王が予言を信仰したことによる。(ヨーロッパからもたらされた伝染病も一因)
インカ民族	1532年、スペイン人、フランシスコ・ピサロの180人の軍隊に征服された。インカが内乱状態にあったこともある。武器をもたない平和民族を、大砲、鉄砲でおどし、まただまして滅ぼした。

② 『暦のピラミッド』の妙

(1) 2記号による20進法

マヤ民族は，後に述べるように古代天文学研究の先進国の1つであったが，彼等は右のような2記号（・と──）による5単位の20進法で，シュメールと同じように零の印までもっていた。

ただ，高度の天文学計算をどのような方法でしたのか明らかでない。

（参考）　インカ民族の方は1種のソロバンのようなものを用い，記録には「キプ」という長い紐(ひも)を使っていた。この民族は文字も数字ももたなかったが，天文学の知識は高かった。

古今東西，文化の高い古代民族はほとんどすべて

（農耕）→（天文学）→（暦）→（数学）

という1つの発展体系をもっているのである。

ただし，右からもわかるように，使用した数字や計算方法は，実に多種多様で，そこに〝数学の面〟から大きな興味をもたせるのである。

マヤ数字と数	
👁	0
・	1
・・	2
・・・	3
・・・・	4
──	5
・ / ──	6
・・ / ──	7
・・・ / ──	8
・・・・ / ──	9
══	10
・ / ══	11
・・ / ══	12
・・・ / ══	13
・・・・ / ══	14
≡	15
・ / ≡	16
・・ / ≡	17
・・・ / ≡	18
・・・・ / ≡	19
👁	20

(2) 「羽毛の蛇」のピラミッド

マヤ民族がすぐれた天文学研究者であった事実は，右の『暦のピラミッド』（ククルカン）で代表される。

これはチチェン・イツァにある遺跡群の1つで，ここにはそのほか，

- 天文台（章扉の写真）
- 戦士の神殿
- いけにえの泉（セノーテ）
- 球戯場
- 生贄台（チャック・モール）

などがある。

マヤ民族は1年間を
365.2420日
としていたが，これは現代との差0.0002日で，それはわずか17秒であり，その正確さは，科学測定器をもたない天文観測として信じられないものである。

ピラミッドとは，ラテン語で"燃える火の形"だというが，この他ウシュマルの「魔法使いのピラミッド」などもあり，ピラミッドはエジプトだけの特産物でないことを，メソアメリカで発見するのである。

『暦のピラミッド』の端正な偉容

（参考）『暦のピラミッド』のいわれ

① 階段の数が365段

$$\frac{91 段}{一面} \times \frac{4}{四面} + \frac{1 段}{最上段} = 365 段$$

② 階段両側の層の数が18層（1年の月数）

③ 各層のくぼみが52個（暦の周期年数）

④ 春分，秋分の日，太陽に合わせて蛇がゆっくり動くようにみえる。

⑤ 蛇の鼻の部分の影の延長線上に，その日の太陽が沈む。

(注)別名「羽毛の蛇」のピラミッドともよばれる。

③ クイズ＆パズル＆パラドクス

QP 1 現代の算用数字を，マヤ数字を使って表わすには右のようにすればよい。

これを参考にして次の各数をマヤ数字による数にかえよ。

(1) 86　　(2) 691　　(3) 2507

```
20) 1275   余り
20)   63 … 15
       3 …  3
3○3○15 より
```

・・・	(20^2 の位)
・・	(20 の位)
≡	(1 の位)

QP 2 漢数字では右の2通りがあり，刻み式に対して文字式では"意味"がある。

マヤ民族も2通りの数字の表現をもっていた。下の3つは1，2，3の絵数字で，他の絵文字の左側につけて示すものである。どれが1〜3かを示せ。

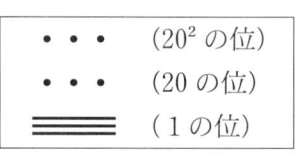

刻み式	文字式
一	壹
二	貳
三	参

（ヒント）

149ページ参考

QP 3 現代の2進法では，0と1の2数字を用いる。

数0，1を表わす式はいろいろあり，右を参考にして3種つくれ。

0を表わす	1を表わす
$2-2$	$3-2$
5×0	1×1
$\sqrt{0}$	a^0

第14章　メソアメリカの暦

QP 4　『暦のピラミッド』（145ページ写真）は 365 の数を階段の数でみごとに表わした。

"365"という数を次の方法で表わせ。

(1) 偶数中心　　(2) 奇数中心　　(3) 身近なゲーム用品

QP 5　『暦のピラミッド』の投影図を描くと右のようになる。

投影図（画法幾何学）はフランスの 18 世紀の数学者モンジュの創案によることは 115 ページで紹介した。これは，

1 つの物体を次の三方面，
- 真正面から見た図，正面図
- 真上から見た図，平面図
- 真横から見た図，側面図

を 1 組にした図を投影図という。

上を見て，右の投影図から，もとの立体の見取図を描け。

QP 6　発泡スチロールで立体のものをつくり，直角に交わる面にその影を映したところ，A，B，C のアルファベットの文字が見えた。

発泡スチロールをどのような形につくったら，このように映るか。

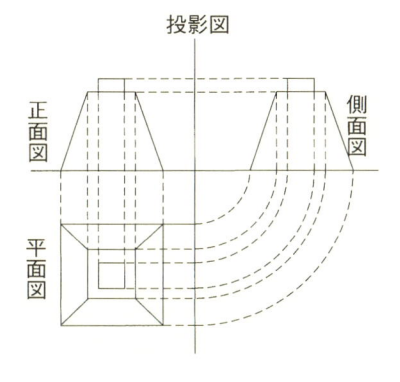

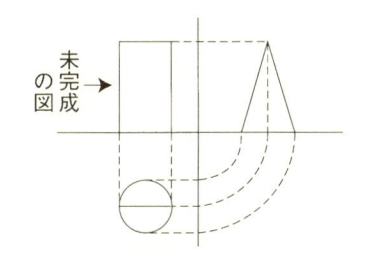

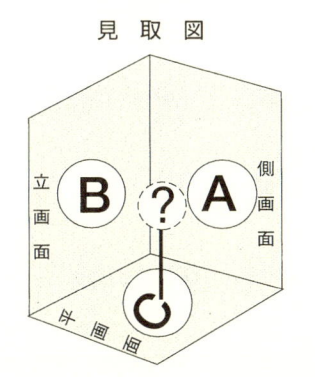

QP 7 アステカの広大な聖なる遺跡地テオティワカンは，アステカ語で"神々の都"とか"人間が神に変る場所"の意味という。

ここには，太陽と月のピラミッドの他，神殿，宮殿が散在している。

アステカでも日食や月食を知っていた。

日食は下の図のように，月が太陽をかくす状態であるが，下の図を接線など定木，コンパスで正確に作図せよ。

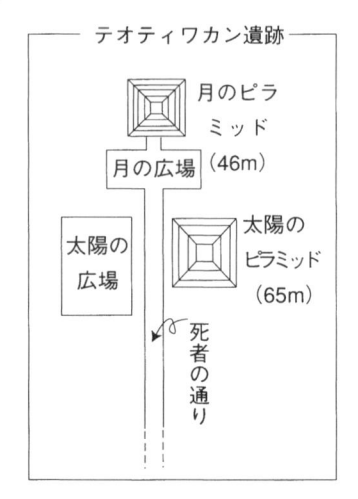

─── テオティワカン遺跡 ───

月のピラミッド (46m)

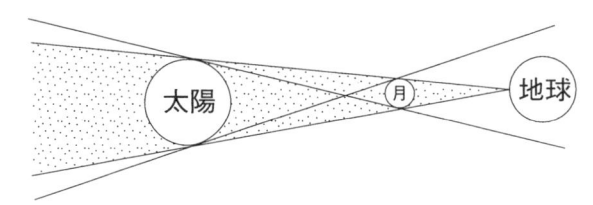

月の広場

太陽の広場

太陽のピラミッド (65m)

死者の通り

皆既日食

太陽　月　地球

（参考）1991年7月11日，メキシコでみごとな皆既日食が観察された。

QP 8 マヤ民族は，紀元前1000年頃，メキシコのユカタン半島に農業村落として発生し，やがて首長（神官を兼ねる）が民族の指導者になり，神殿の建築や暦作り，祭事をおこなった。

ここの暦は，「長期計算暦」と「循環暦」とを組み合わせて用いた。

長期計算暦は，西暦になおして紀元前3114年8月13日を起点として何日経過したかを示すもの。

循環暦は，ツォルキン（260日暦）とハアブ（365日暦）などがある。さて，ツォルキンとハアブとが嚙み合わされるとき，1巡にはどれほどの日数，あるいは年数がかかるか。

第14章 メソアメリカの暦

QP 9 マヤの歴史を知る1つの資料に『ライデン・プレート』というものがある。

これはオランダ人がグアテマラの東海岸で拾った1枚のプレートで，オランダのライデン博物館に保存されていることから，この名がある。

これは，ひすいの碑板に，表は人物，裏に長期計算暦が彫られたもので，王が腰巻にぶら下げた衣装の一部「ガラガラ」の1つであった。

このプレートには右の絵文字があり，これは

8 バクトゥン　14 カトゥン　3 トゥン

1 ウィナル　12 キン

と読めるのであるが，これは何日か。

下の暦日の単位をもとに計算せよ。

バクトゥン	144,000 日	18×20^3
カトゥン	7,200 日	18×20^2
トゥン	360 日	18×20
ウィナル	20 日	
キン	1 日	

（参考）146ページで説明したように，数字は絵文字の左側にみられる。

QP 10 マヤの絵文字は曲線によるなかなか複雑な図形になっている。神殿などの壁模様にもある。さて，右の模様に色をつけたい。

ここには4色のえのぐしかないが，これで塗り分けられるか。

塗りつぶしてみよ。

（注）現代これは四色問題という

QP 11 右の絵は有名な「ナスカの地上絵」である。ペルーの首都リマの近くの乾いた大地に800個近い巨大な幾何学模様や動物図形がある。

2000年以上前につくられた遺跡群だという。

右の絵をはじめ，「一筆描き」の図形が多いのも数学として興味深い。

さて，上の一筆描きの絵は，これをゴム製と考え1か所から吹くと円(球)になる。

ゴム製と考えここから吹くと円（球）になる

この考えを利用し，右のうず巻き型迷路について，次の問いに答えよ。

(1) これを円にしたとき・Aはその内部にいるか，外部にいるか。

(2) ・Bは・Aと同じ側か，ちがうか。

うず巻型迷路

QP 12 A，B，C3人のマヤ人が右図のように並んで住んでいる。

石垣をはさんでそれぞれ物置きがあり，家から物置きに通じる道をつくることになり，いち早くAがつくってしまった。

仲がよくない3人なので道が交差しないようにしたい。

BとCの道を記入せよ。

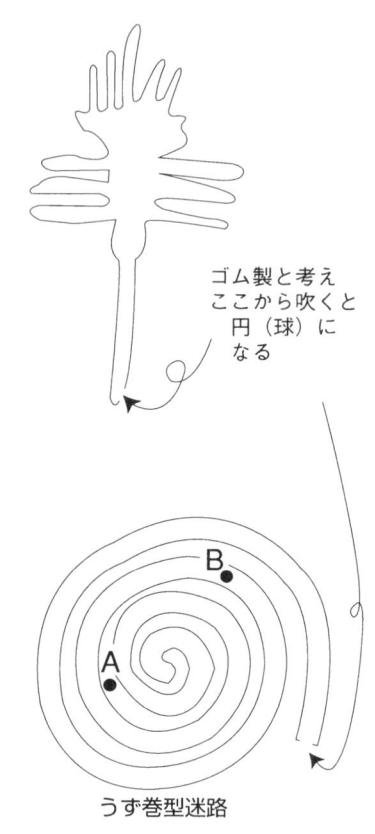

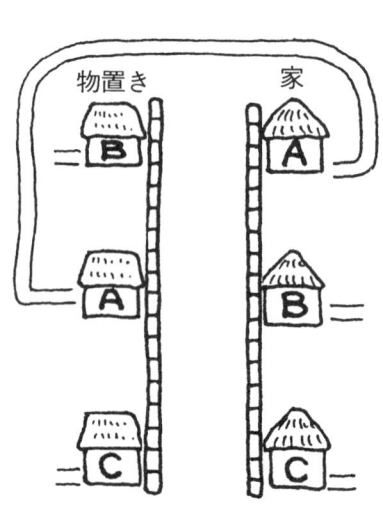

第15章　日本の道

① 東海道　　（江戸——京都……大坂）
② 中山道　　（江戸——草津）
③ 甲州道中　（江戸——甲府……下諏訪）
④ 日光道中　（江戸——日光）
⑤ 奥州道中　（江戸——白河……青森）

江戸時代の五街道

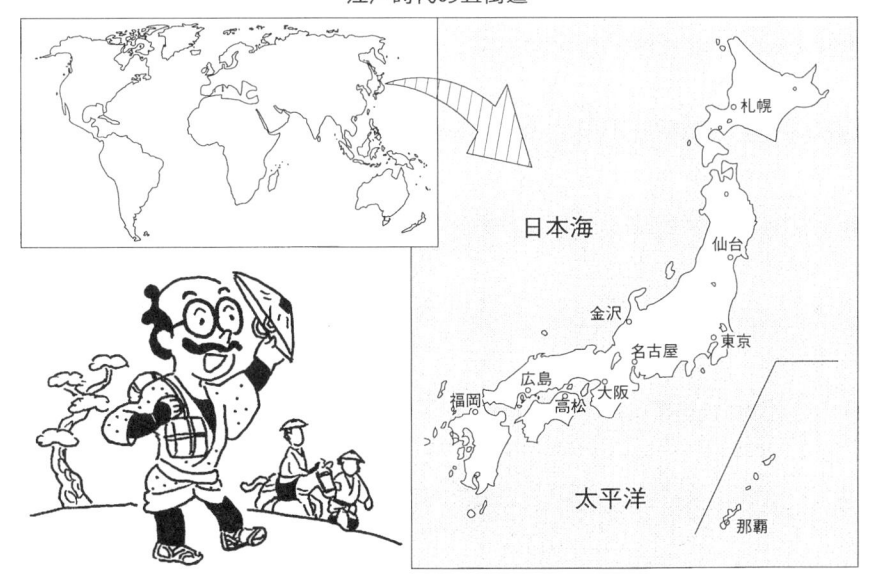

① 外来文化と参勤交代

(1) 日本の発展史

日本の発展を一覧表の形にまとめると，右のようになる。

一応，大和民族による統一国家といえるのが4世紀頃（古代ギリシア滅亡時）で，以後，いろいろな形で大陸から文化が伝来されてきて，大和民族はその特有の才能で吸収同化し，〝島国，ほぼ単一民族〟ということも手伝い，独特の文化を形成してきた。

その代表的なものが
- 平安時代の平仮名，片仮名
- 江戸時代の〝道〟の精神
  （武士道や芸能関係）
- 江戸時代の『和算』

その他，衣，食，諸芸術など世界的視野で客観的にみると，大変興味深い文化をもっている。

（注）右の「筭」は算の古字で竹を弄ぶ（もてあそ）からできた文字。

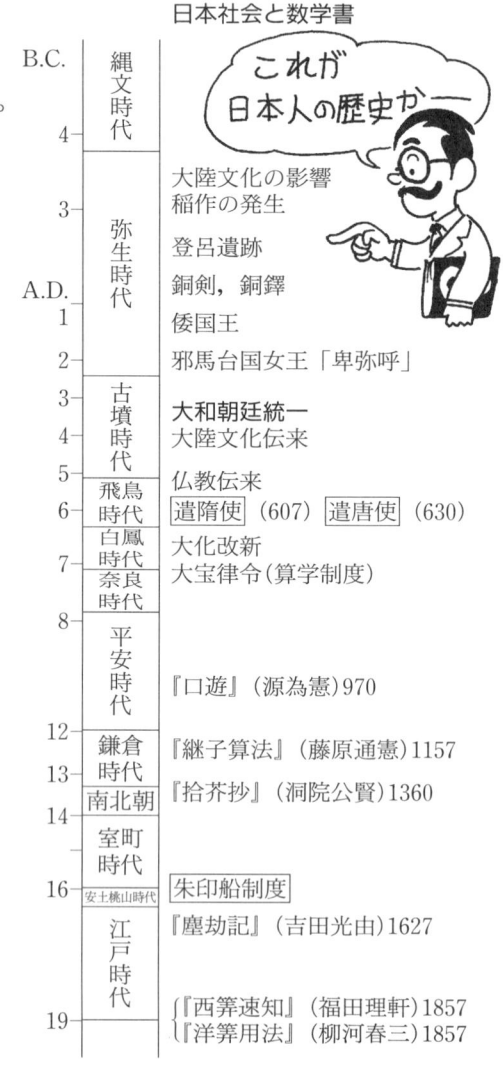

日本社会と数学書

これが日本人の歴史か——

年代	時代	事項
B.C. 4	縄文時代	
3	弥生時代	大陸文化の影響　稲作の発生
A.D. 1		登呂遺跡 銅剣，銅鐸 倭国王
2		邪馬台国女王「卑弥呼」
3〜4	古墳時代	大和朝廷統一 大陸文化伝来
5		仏教伝来
6	飛鳥時代	遣隋使（607）　遣唐使（630）
7	白鳳時代／奈良時代	大化改新 大宝律令（算学制度）
8〜12	平安時代	『口遊』（源為憲）970
12〜13	鎌倉時代	『継子算法』（藤原通憲）1157
14	南北朝	『拾芥抄』（洞院公賢）1360
	室町時代	
16	安土桃山時代	朱印船制度
	江戸時代	『塵劫記』（吉田光由）1627
19		『西筭速知』（福田理軒）1857 『洋筭用法』（柳河春三）1857

(2) 平安女流文学と江戸参勤交代

1600年の大和民族の発展において，長期の平和時代は

　平安時代（紀元800～1200年）約400年間

　江戸時代（紀元1600～1870年）約300年間

で，平安時代の特長は，平仮名文字による女流文学者の輩出ということができよう。その代表者は次の3人である。

　　　　　　　　　　　　　　　　　（数学との関連）

小野小町『小町集』，歌人（9世紀？）　──→　「小町算」　　　｝
清少納言『枕草子』(1000年)　　　　　　──→　「知恵板」　　　｝157ページ
紫式部　『源氏物語』(1014年)　　　　　──→　文紋で偽作発見　｝

（注）文学者と数学の関連については後にとりあげることにする。

時代は大きくとぶが，話を江戸時代に移そう。

徳川幕府の大名統制方式の手段で重要視したことが〝参勤(覲)交代〟で，諸大名に1年ごとに江戸と在国（妻子は江戸常住）の生活をさせた制度（1635年確立）である。

これは往復の費用や江戸生活の支出のため大名の財政難を招いたりする欠点もあったが，一方多くの利益をもたらした。

・国内の交通路を開発し，宿場町を発展させた
・各藩や地域の情報交換や交易などに役立った
・江戸の文化が日本中に広まり，活気をもたらせた

などがある。

日本独特の数学『和算』が日本中に伝えられたのは，参勤交代で江戸詰めになった若侍たちが暇つぶしに学んだ和算を，帰国したとき藩内の人々に教えたことによるのである。

② 伝来数学と独創数学

(1) 奈良・平安時代の輸入数学

152ページの年表にあるように，奈良・平安時代以前に，数学に関連する学問が伝来されている。

奈良時代（7世紀）に入ると，大宝律令が発布され，国学，大学が設けられ，ここでは算学制度が立てられた。

紀伝，明経，明法，算道の中の「算道」がそれで，周髀，九章，海島，五曹，孫子（右の表にもある）。そして六章，九司，の算経，三開重差の9巻をマスターしなくては高級役人にはなれなかった。

平安時代には，右の『算経十書』が輸入され，学ばれた。

一方，庶民は計算能力がないために，彼らのために町かどに算所という小屋が建てられ，「算置(おき)」とよばれる計算請負業者がお金をとって計算したという。この際，「占い」も兼ねたが，現在の町の占師はその名残りとか。

4世紀	大陸文化の伝来で 暦, 易, 天文, 医学, 機械
6世紀	百済より 暦, 易, 医学, 中国数学書
7世紀	中国伝来で 漏刻(ろうこく)（時計）， 度量衡（計量法）

唐代の『算経十書』

紀元前2世紀	周髀算経（暦算，天文）
紀元1世紀	九章算術（数学百科）
2世紀	数術記遺（計算書）
3世紀	海島算経（測量書）
3世紀	五曹算経（役所用）
4世紀	孫子算経（度量衡）
4世紀	夏候陽算経
5世紀	張邱建算経
5世紀	綴術(てつ)★（円周率）
6世紀	五経算経
7世紀	緝古算経(しゅうこ)★

（注）綴術が難解のため緝古算経に代る。

第15章　日本の道

(2) 日本が誇る『塵劫記(じんこうき)』

豊臣秀吉の命によって中国に行った毛利重能が，帰国の際に算盤を持ち帰った。

このときは，すでに徳川家康の江戸時代となり，大坂（当時，名），堺など商業活動が盛んであった。

商業の繁栄と計算とは深い関係にあり，毛利重能が京都に開いた算盤塾『天下一割算指南所』は，常時，門弟200〜300人を超すという大繁昌振りであったという。

この中の1人に吉田光由がいたが彼は大財閥角倉一族で，中国の名著『算法統宗』（1593年）を入手し，これを参考にして，日本で初めて数学書『塵劫記』を著作した。

これは寺子屋の算数教科書，数学入門書としてベストセラー，ロングセラーになった。

- 仮名交り文で読み易い
- 図や絵が多く楽しい
- 色刷りでやわらかい
- 教材が幅広く役立つ
- パズルなど多く興味深い

｝が特色。

『塵劫記』

『塵劫記』（1627年）の目録

第1	大数の名の事	（上巻）
第2	1よりうちの小数の名の事	
第3	一石よりうちの小数の名の事	
第4	田の名数の事	日常の必須
第5	諸物軽重の事	
第6	九九の事	
第7	八算割りの図付掛け算あり	
第8	見一の割りの図付掛け算あり	
第9	掛けて割れる算の事	
第10	米売り買いの事	米俵
第11	俵まわしの事	
⑫第12	杉算の事	
第13	蔵に俵の入り積りの事	
第14	ぜに売り買いの事	金銭計算
第15	銀両がえの事	
第16	金両がえの事	
第17	小判両がえの事	
第18	利足の事	
第19	きぬもんめんの売り買いの事	
⑳第20	入子算の事	（中巻）
第21	長崎の買物，三人相合買い分けて取る事	
第22	船の運賃の事	
第23	検地の事	
第24	知行物成の事	
第25	ますの法付昔枡の法あり	
第26	よろづにます目積る事	
第27	材木売り買いの事	商業土木
第28	ひわだまわしの事付竹のまわしもあり	
第29	やねのふき板積る事付勾配の延びあり	
第30	屏風の落雁く積りの事	
第31	川普請割りの事	
第32	堀普請割りの事	
第33	橋の入目を町中へ割りかける事	（下巻）
第34	立木の長さを積る事	
第35	町積るの事	
㊱第36	ねずみ算の事	
㊲第37	日に日に一倍の事（倍々算）	
第38	日本国中の男女数の事	
第39	からす算の事	パズル的問題
第40	金銀千枚を開立法に積る事	
第41	絹一反，布一反，糸の長さの事	
㊷第42	油分ける事　（油分け算）	
㊸第43	百五減の事　（百五減算）	
㊹第44	薬師算という事	
第45	六里を四人して馬三匹に乗る事	
第46	開方法の事	
第47	開平方法の事	
第48	開立法の事	

（注）◯印のものが後世の「◯◯算」（P. 18）へ。

③ クイズ&パズル&パラドクス

QP 1 参勤交代によって国内の情報交換が広くおこなわれ，文化も高まった。一方，全国くまなく情報収集をしたものに「富山の薬屋」があった。富山は薬の産地で，大商店ではたくさんの売子をつかい，右のような5段〝入子〟の行李で全国1軒1軒を売り歩いたので，彼らの資料から全国の情報が得られた。

さて，この行李で上段2つのA，Bには何が入っていたと思うか。

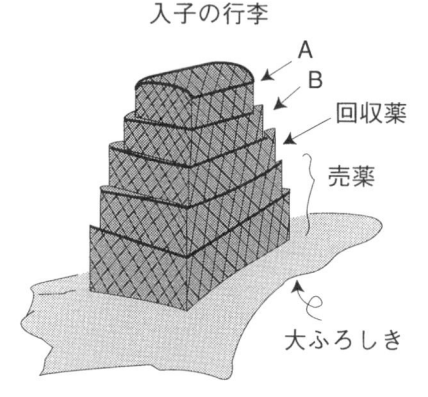

（1人が900軒のお得意をもち，18kgの荷物を背おった）

QP 2 『塵劫記』に入子算というのがある。右の図入りのもので，簡単に述べると，次のような問題である。

「8個の鍋の入子で，これを銀43匁2分で買った。入子は1升鍋，2升鍋，……，8升鍋の8個であるとき，鍋の値段はいくらずつか」

（参考）銀1匁は現代では100円。

1升≒1.8ℓ

第15章　日本の道

QP 3　『小倉百人一首』の選者藤原定家（1200年頃）は選定の基準や順番を魔方陣のアイディアによったと伝えられている。

魔方陣
（3方陣）

2	9	4
7	5	3
6	1	8

歌人小野小町は，求婚者深草少将が「百夜かよったら結婚する」との約束に対し，九十九夜で死んだことを悲しみ老後に「小町算」をして寂しさをなぐさめた，という。小町算とは，1～9までの数字の間に＋，－，×，÷，（　）の記号を入れ，計算の結果が100になるようにするパズルである。下の例を参考にして3つつくれ。ただし，ここでは＋，－，（　）だけの使用とする。

（例）　123－(4＋5＋6＋7)＋8－9＝100

QP 4　「清少納言知恵板」は，中国のパズル「タングラム」，ヨーロッパの「ラッキー・セブン」と同類のもので，正方形を7つの小切片に分け，それを並べていろいろ形をつくる遊びである。

この知恵板が清少納言の考案であるかどうか疑問ではあるが，それはさておき，右の3つをつくってみよ。

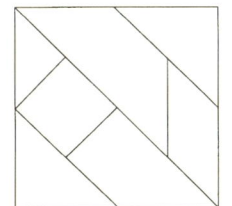

あいさつ　ロウソク　三重塔

QP 5　紫式部の『源氏物語』は54帖からなる大河小説であるが，後半10帖は彼女の作ではなく，娘の「大弐の三位」の作ではないか，と長い間疑問視され続けてきた。

最近，それがほぼ正しい説であることを認める研究がされた。

これはどのような方法によったのか？

QP 6 　12世紀鎌倉時代に，藤原通憲（信西）は『継子算法』（1157年）を書いたが，これは，後世の作家吉田兼好の『徒然草』（1331年）で第137段に〝継子立て〟として登場している。

　話は次のようである。
「ある資産家が死に30人の子の中の1人がそれを受けつぐことになった。

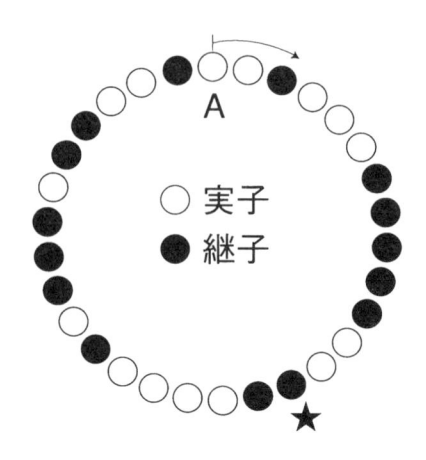

　この30人は，先妻の子（継子）15人，後妻の子（実子）15人で，後妻は自分の子の1人につがせたく一計を案じ上のように30人を並べ，Aから始めて10番目，10番目を失格とさせた。

　さて，最後にどれが残ったか。

（続）途中14人目が失格になったとき★印の子が，「自分から数えてほしい」といった。後妻はそうしたがその結果はどうなったか？

○ 実子
● 継子

QP 7 　『塵劫記』の中のパズルである杉算，入子算，油分算などのもとは，商人の必要から誕生したものである。

　杉算は杉の木の形のように積んだ米俵の俵数をすばやく計算する。

　入子算は，食器商人が鍋，釜などの値段を決める。

　油分算は，油屋が油を売るための量ることの方法。

　ここで油分算を考えてみよう。

　いま，1斗樽の油を，7升枡と3升枡の2つを使いできるだけ少ない回数で，5升ずつに分けたい。

　どのようにしたらよいか。

（参考）　1升≒1.8ℓ，　1斗＝10升

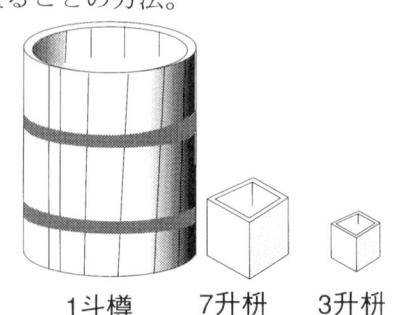

1斗樽　　7升枡　　3升枡

第15章 日本の道

QP 8 古代から枡（ます）は量，形でいろいろと工夫されてきた。

右のものもその1つで，これは「万能枡」といわれるものである。この容器で何種類の量が測れるか。

QP 9 和算が約300年間に，世界的レベルに達したのには，次の3つの特徴があった。

(1) 社寺奉額　自分が問題を解けたり，よい
　（『算額』）　問題をつくったとき，神仏に
　　　　　　　感謝して絵馬にその問題を描
　　　　　　　き奉納する
(2) 遺題承継　自分の著書の最後に，解答の
　（『好み』）　ない創作問題をのせ，読者に
　　　　　　　挑戦させる。
(3) 流派免許制　各流派が対抗し，さらに内部
　　　　　　　は免許制で学力向上を目指し
　　　　　　　た。

では，右上の『算額』の問題に挑戦せよ。

QP 10 別の『算額』の問題を紹介しよう。「右の図のような上底の円の半径2尺，下底6尺で高さ12尺の円錐台（すい）がある。これを3つに切り，その体積を等しくしたい。どう切ればよいか」（1尺は約30cm）これはやや難問なので，これを〝2等分″という問題にかえて解け。

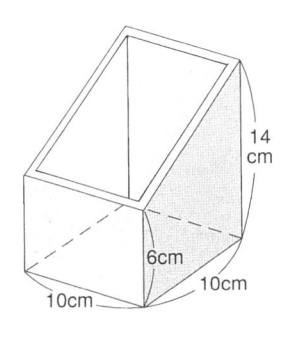

円柱の高さはいくらか

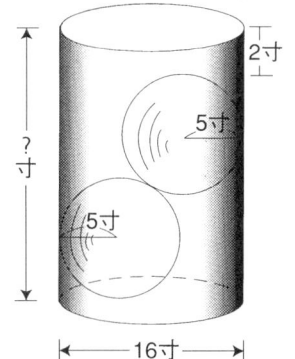

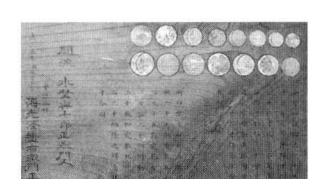

『算額』の例

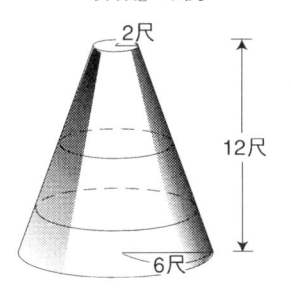

159

QP 11 長々と続いた，世界パズル探訪の旅もそろそろ終りになるので，しめくくりとしてグループ旅行の問題を考えてもらうことにしよう。

(1) A, B, C, Dの4人が駅で待ち合わせをした。

Aは12時10分に着き ⎫
Bは A より 25 分遅れ ⎬ で
Cは D より 30 分早く ⎪
Dは B より 43 分遅れ ⎭

それぞれ到着した。列車は12時0分から24分ごとに出る。4人が全部そろって乗れる列車は12時0分から何番目の列車か。

(2) ようやく4人は列車に乗り，1列に連続4人座ることにしたが，4人の友人関係は右のようである。

	A	B	C	D
A		+	−	0
B	+		+	−
C	−	+		−
D	0	−	−	

プラスは仲良く，マイナスは悪い。0はどちらでもない。

仲の悪い同士が隣りに座らないようにする場合，4つの席の両端には誰が座ればよいか。

(3) 目的地の駅に着いたら，先発の8人が待っていた。12人で5部屋のある民宿に泊ることにしたが，どの部屋も定員が4人である。このときA〜Eの中で正しいのはどれか。

① どの部屋にも，少なくとも2人泊った。
② どの部屋にも，少なくとも3人泊った。
③ どの部屋にも，少なくとも4人泊った。
④ 1人も泊らない部屋があることもある。

A ①と②
B ①と③
C ②と③
D ①と④
E ②と④

おわりに

> 私は"破狨"(パズル)と日本語にしている

　"数学ルーツ探訪"で，すでに30余か国の旅をしたが，それぞれの長い伝統や風土，民族性などによって異なる数学が生まれて育っている様子をみることができた。

　本書はその数学の中で，一番庶民的な『パズル』を主にまとめたもので，新しい視点によってできた本ということができよう。

　パズルは，右のようにして，いろいろな場面から誕生しているのである。

　本書では，これを配慮しながら伝統的な有名問題をとりあげる一方，あまり知られていないもの，私の改作や創作パズルなども加えてある。

　読者の方々は，これらに挑戦しながら，是非パズルの創作も試みていただきたい。それによって一層パズルの面白さ，味わいを知り，魅力もますであろう。

　最後に，この単なる遊びのパズルが，"高級な数学"へと発展したものがあることを付け加え，夢をふくらませて楽しむことを希望している。

著　者

パズルの誕生

(1) 商人の知恵 ｝必要性
(2) 生活問題
(3) 暇つぶし
(4) 好奇心　｝知的遊戯
(5) 競争心
(6) 天の邪鬼心 ｝パラドクス
(7) 伝説・物語
(8) その他

創作パズル
（例）覆面算

$$\begin{array}{r} NAKADA \\ +\ NORIO \\ \hline SUGAKU \end{array} \quad \left(\begin{array}{r} 仲田 \\ +\ 紀夫 \\ \hline 数学 \end{array} \right)$$

(問) 上のA～Uそれぞれが0～9のどれになるか求めてみよう。

解　答

第1章　展望編（P.16）

QP1　「3+1」といえばよい

QP2　林知己夫著『日本らしさの構造』(東洋経済新報社)によると右のようである。
（○印はラテン系，●印はゲルマン系。これは筆者による印）

国＼分類	A 追い返す	B いさめ 与える
○イタリア	29	66
オランダ	18	73
日本（'88）	15	76
○フランス	14	79
●イギリス	13	83
●ドイツ	13	78
アメリカ	12	85
日本（'93）	12	85

QP3　下のようにする

(1)　　　(2)

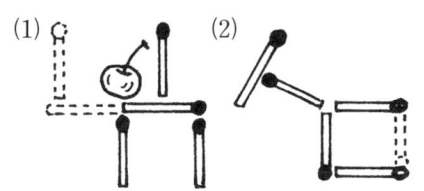

QP4　鍵のヒントを使用する

$1\times(9-9)\times 6 = 0$　　　　$1\times(9-9)+6 = 6$

$1+(9-9)\times 6 = 1$　　　　$1+(9-9)+6 = 7$

$-(.1+.9)+9-6 = 2$　　　　$1+9\div 9+6 = 8$

$(.1+.9)\times 9-6 = 3$　　　　$(.1+.9)\times\sqrt{9}+6 = 9$

$-1-(9\div 9)+6 = 4$　　　　$(.1+.9)+\sqrt{9}+6 = 10$

$-1+(9-9)+6 = 5$　　　　（注）他の表わし方もある

QP5　パラドクスは A=5, D=1, O=6, P=8, R=7, X=0
（注）別解あり

QP6　(1)　西暦121年　　(2)　1.5倍

解　答

QP7　娘を x 歳とすると，$x+(x+30)+(x+60)=99$
　　　　これより $x=3$　よって　祖母 63 歳，母 33 歳，娘 3 歳

QP8　盗人の数を x 人とすると，絹の反数から
　　　　$6x+6=7x-7$，$x=13$ よって　盗人 13 人，絹 84 反

QP9　"一筆描き" できる図　(1)，(4)，(5)，(6)，(8)。どこから始めても描けるものは　(1)，(5)。

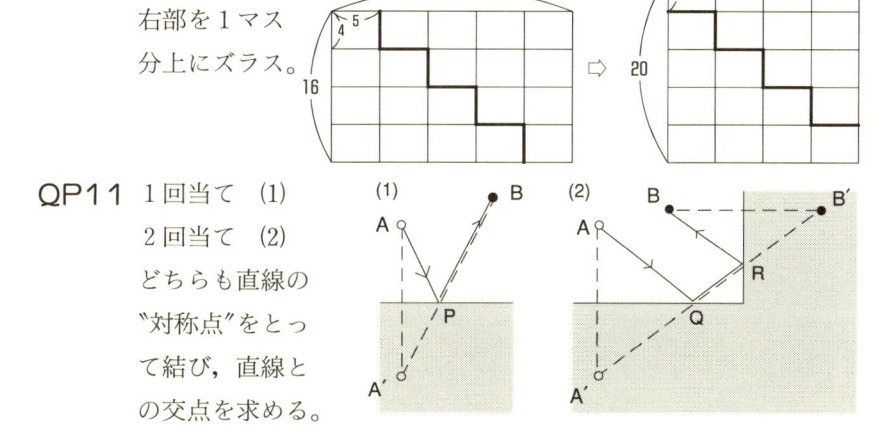

QP10　太線で切り，右部を 1 マス分上にズラス。

QP11　1 回当て　(1)
　　　　　2 回当て　(2)
　　　　どちらも直線の "対称点" をとって結び，直線との交点を求める。

QP12　(1)　「0 との積は 0」というのは特別の約束なので，例外。
　　　　(2)　除法では分配法則が使えない。
　　　　(3)　$x+1=0$ なので，「両辺を 0 でわる」ことになりルール違反。

QP13　「この板書に誤りがある」の文が誤り。

QP14　(1)　△AHO≡△AJO より AH=AJ…①
　　　　　　　△OBI≡△OCI より △OHB≡△OJC よって HB=JC…②
　　　　　　　①，②より AB=AC
　　　　(2)　作図を正しくすると，∠A の二等分線と底辺 BC の垂直二等分線との交点は図形の外になる。矛盾は「不正確な図」による。

第 2 章　メソポタミアの粘土（P.26）

QP1　(1)　19 個　　(2)　37 個

QP2 (1) ① 13^2+14^2　② $71+72+73+74+75$，他 $5^2×6+5^2×5+5^2×4-10$ などいろいろ（P.186 参考）

(2) 働く日数は $\frac{1}{3}$ にしてあるのに，他の日，土などまるまる1日にしてあることがおかしい。

QP3 (1) 10番目の四角数は1辺10個の正方形になり，グノモンの数は19。

(2) △ABC≡△DCA　また，対角線 AC によって分けられた中，小の三角形も合同（面積が等しい）。よって残りの面積も P=Q となる。

(3) $l=\frac{1}{4}(20\pi+40\pi+60\pi)=30\pi$ (cm)　　　$\underline{30\pi \text{ cm}}$

QP4 公式 $a^2-b^2=(a+b)(a-b)$ を使用する。

$6^2-5^2=(6+5)(6-5)=11$

$56^2-55^2=(56+55)(56-55)=111$

$556^2-555^2=(556+555)(556-555)=1111$

$5556^2-5555^2=(5556+5555)(5556-5555)=11111$

QP5 (1) 6, 10　　偶数の数列

(2) 8, 34　　前の2つの数の和でできている数列

　　　　　（これはフィボナッチ数列という。）

(3) 15, 28　　自然数を2から順に加えた数列。

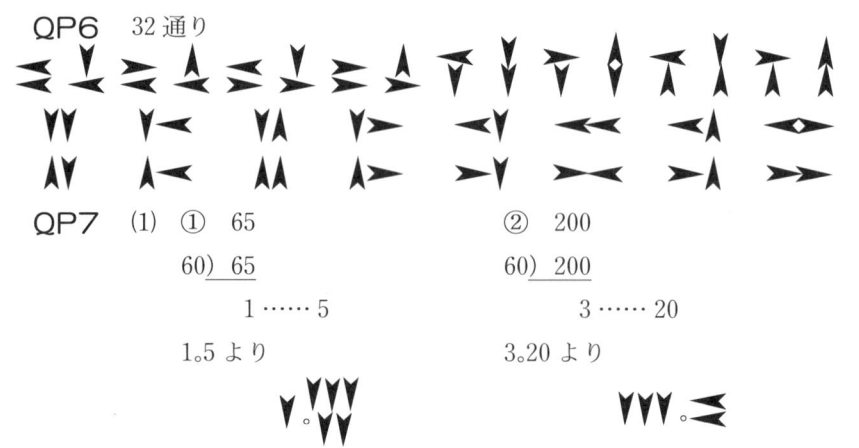

QP6 32通り

QP7 (1) ① 65　　　　　　　　　② 200

60) 65　　　　　　　　　60) 200

　　1 …… 5　　　　　　　　　3 …… 20

1。5 より　　　　　　　　　3。20 より

解　答

③　382
60) 382
　　　6 …… 22
6。22 よって ▼▼▼＜▼▼。

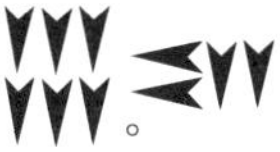

④　4691
60) 4691
60)　78 …… 11
　　　1 …… 18
1。18。11 ▼＜▼▼▼＜▼▼▼

(2)① 　1。2＝60×1＋2
　　　　　＝62

② 　20。11＝60×20＋11
　　　　　＝1211

③ 　12。40＝60×12＋40
　　　　　＝760

④ 　1。14。3＝60^2×1＋60×14＋3
　　　　　＝4443

QP8　小数表現の創案から小数点"・"の使用までに約30年かかっている。

QP9　いくつかの場合を図で示すと下のようになる。

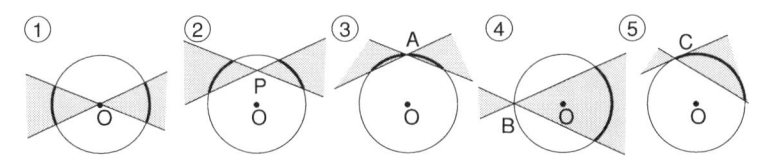

「ラッキーエリア」の2本の交角が一定のときは，どの弧の長さ（和）も不変。つまり，特に最大はない。

QP10 (1)　右の半円を左に移してうめると，長方形になり，
　　　20×10＝200　　200 cm²

(2)　直角三角形 ABC と面積が等しい
　　　△ABC＝$\frac{12×12}{2}$＝72　　72 cm²

(3)　移動すると半径 10 cm の半円なので　50π cm²

(4)　切って並べかえると半径 8 cm の半円なので，32π cm²

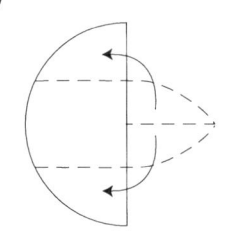

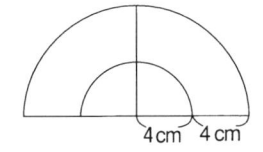

第3章　エジプトのパピルス（P.36）

QP1 (1) 西暦紀元は，キリスト誕生を紀元1年としているので，紀元前ということを刻印したものは，西暦紀元制定前のものに存在しない。

(2) 「3,700年前」というときは，100年未満は四捨五入してあるので，1年を加えても意味がない。

QP2 (1) ① $\dfrac{2}{7} = \dfrac{8}{28} = \dfrac{7}{28} + \dfrac{1}{28} = \dfrac{1}{4} + \dfrac{1}{28}$　　以下途中省略

② $\dfrac{2}{11} = \dfrac{12}{66} = \dfrac{1}{6} + \dfrac{1}{66}$　　③ $\dfrac{2}{13} = \dfrac{14}{91} = \dfrac{1}{7} + \dfrac{1}{91}$

④ $\dfrac{4}{5} = \dfrac{24}{30} = \dfrac{1}{2} + \dfrac{1}{5} + \dfrac{1}{10}$　　⑤ $\dfrac{3}{8} = \dfrac{18}{48} = \dfrac{1}{4} + \dfrac{1}{8}$

⑥ $\dfrac{5}{9} = \dfrac{20}{36} = \dfrac{1}{2} + \dfrac{1}{18}$　　　　　　（注）別解もある。

(2) $7 \times 7 \times 7 \times 7 \times 7 = 7^5 = 16807$　　よって 16807 粒節約される。

QP3 ある数を x とおくと

$$\dfrac{2}{3}x + \dfrac{1}{2}x + \dfrac{1}{7}x + x = 37$$

これを解いて　　$\dfrac{97}{42}x = 37$　　∴　$x = 16\dfrac{2}{97}$　　$\underline{16\dfrac{2}{97}}$

（注）当時は「仮定法」（P.79）という方法で解いている。

QP4 現代人が知れる5000年の規模はエジプトのピラミッド，イギリスのストーン・ヘンジの時代であり，これから推測して，「予測できない」が正答か？

QP5 (1) 石は2m進む（コロの回転1mと，コロが台を押す1m）

(2) 小円はキチンと回転せず，滑りながら進んでいるので，これは小円の1回転の長さではない。

解　答

QP6　(1)　(2)　(3)

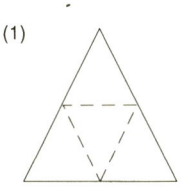

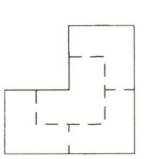

QP7　点Pから，順に対辺に平行線を引いているので，点Uまでは，AB∥TUと，対辺に平行に引ける。いま，最後にUとPを結ぶと
△ABC∽△PBU
∴ $\dfrac{BP}{BU}=\dfrac{BA}{BC}$
これより AC∥PU

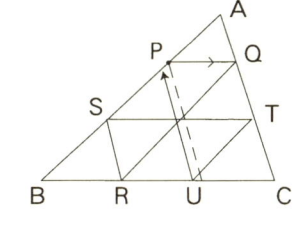

QP8　王家の谷の近くにある墓盗人の村落であった。

第4章　インドの砂（P.46）

QP1　まず小舟に象をのせ，きっ水線の線をつけておろす。次にこの小舟に石をきっ水線まで入れ，あとで，石の重さを量れば，象の重さがわかる。

QP2　いま，1日あたりの道のりのふやし方をxヨージャナとすると，
$2+(2+x)+(2+2x)+(2+3x)+(2+4x)+(2+5x)+(2+6x)=80$
これより　$14+21x=80$　∴　$x=\dfrac{22}{7}$
$3\dfrac{1}{7}$ヨージャナずつふやした。

QP3　蜂の群をx匹とすると，
$\dfrac{1}{5}x+\dfrac{1}{3}x+3\left(\dfrac{1}{3}x-\dfrac{1}{5}x\right)+1=x$
よって$x=15$　　　15匹

QP4　(1)　50　(2)　68　(3)　30　(4)　46　(5)　2400　(6)　620　(7)　0　(8)　$9\div0=x$とおくと，$9=0x$　よって　不能　(9)　$0\div0=x$とおくと$0=0x$　よって　不定（なんでもいい）。

QP5 $(-)\times(-)=(+)$ の×は，"借金 2 回" の意味ではない。

上の式の成り立つ説明はいろいろある。

（その 1）
$(-3)\times(+2)=-6$
$(-3)\times(+1)=-3$
$(-3)\times 0 \;\;=\;\; 0$
$(-3)\times(-1)=+3$
$(-3)\times(-2)=+6$

かける数が 1 減ると　答が 3 ふえる

（その 2）
$(+3)\times(+2)=+6$
$(+3)\times(-2)=-6$
$(-3)\times(+2)=-6$

なので，$(-3)\times(-2)=+6$
と約束しないと矛盾する。

QP6 (1) オス，メスそれぞれ x 本，y 本とすると

$$\begin{cases} x+1=2(y-1) & \cdots\cdots ① \\ x-1=y+1 & \cdots\cdots ② \end{cases}$$

①，②を整理すると

①より　$x-2y=-3$

②より　$x-y=2$

2 式を辺々引くと　$y=5$

これより $x=7$

$$\begin{cases} オス 7 本 \\ メス 5 本 \end{cases}$$

(2) うしろから計算していく。

最後に 3 人が等分に分けられたので，3 の倍数で，

いま 21 個とすると，初めのとり分に最後の 7 個を加えて，

1 番目の人　$26+7$
2 番目の人　$17+7$　　75 個。これに猿の分 4 個
3 番目の人　$11+7$　　　　　　　　　　　79 個

(3) ダイヤの数を x 個とすると，第 1，第 2 王子は同数なので

$$1+\frac{x-1}{7}=2+\{x-(1+\frac{x-1}{7}+2)\}\times\frac{1}{7}$$

$$\frac{x+6}{7}=\frac{6x+78}{49} \quad \therefore\; x=36$$

$$\begin{cases} 王子　6 人 \\ ダイヤ　36 個 \end{cases}$$

解　　答

(4) $18 \times \frac{1}{2} = 9$
　　$18 \times \frac{1}{3} = 6$ ⎫ 17 (頭)となり，1頭余ったので，これをお坊さ
　　$18 \times \frac{1}{9} = 2$ ⎭ んに返し，メデタシ，メデタシという話。

始め分配できなかったのに，なぜうまくいったのか。

(5) 右のように
　　男：妻 = $\frac{2}{3} : \frac{1}{3} = 2 : 1$
　　女：妻 = $\frac{3}{5} : \frac{2}{5} = 3 : 2$
を連比の形にして求める。

　　　男：女：妻
　　　2　：　1
　　　　　　2：3
　　　6：2：3

QP7 問題を図にすると右のようになるので，水の深さを x ヴィタスティとして，三平方の定理によって，
$(x+1)^2 = x^2 + 4^2$
　∴　$x = 7.5$　　<u>7.5 ヴィタスティ</u>

QP8 「ここはあなたの村ですか」と村人に質問し，「ハイ」といわれたら正直村，「イイエ」といわれたら嘘つき村。

QP9 達多が壁に頭をぶつけたとき。

第5章　中国の竹（P.56）

QP1 笑い上戸の方が多く飲んだ。
　　（理由）ハッハッハは $8 \times 8 = 64$　　シクシクは $4 \times 9 = 36$

QP2 「九九が唱えられる，というだけで採用されたと伝えられるともっと特技のある人が集まるでしょう」と若者がいった。この若者の意見をとり入れ，その結果全国から優秀な人材が集まった。

QP3 (1) 壱，画数順　　(2) 許，十二支順　　(3) 明(星)，曜日順

(4) 陸，シリトリ順　　　　　　　　　　　(注)別解(漢字)あり

QP4　「朝四夕三」といった，という。(まず，「いま多くする」という教訓)

　　　(参考)「一無二少三多」は，禁煙，少酒・少食，多動・多休・多接

　　　　　　「一慢二看三通過」は，まずゆっくりとよくみ，そして渡ろう。

QP5　親から生まれるのは，子が1人と限らない。

QP6　(1)　①　111111111　　②　222222222
　　　　　　③　333333333　　　　④　444444444

　　　(2)　①　2　　②　0　　③　5

　　　(注)①は $4+8+2+6=20 \to 2+0=2$

QP7　2個のサイコロを投げたときの場合の数は36通りで，ゾロ目は6通りなので，ゾロ目の確率は $\frac{6}{36}$ つまり $\frac{1}{6}$

　　　(参考)ゾロ目のことは，清少納言が『枕草子』の中で述べている。

QP8

(1)

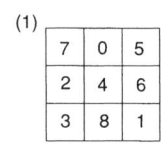

7	0	5
2	4	6
3	8	1

(2)

1	15	14	4
12	6	7	9
8	10	11	5
13	3	2	16

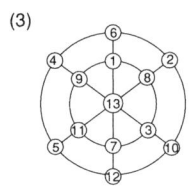

(3) 〔図〕

QP9　下の図のようになる。

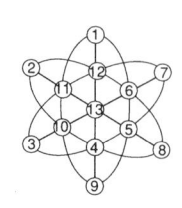

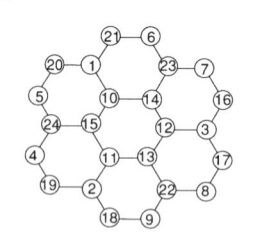

〔図〕

QP10　右のように，組み方が異る。

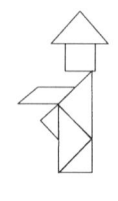

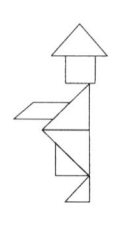

〔図〕

解　答

第6章　ギリシアの皮（P.66）

QP1　表にまとめると，右のようになり，結果が得られる。

まず，C5着が決定し，E1着はウソになる。するとCのいう「E3着」は正しく，Dのいう「私は3着」はうそになる。このように追っていくと結果が出る。

順位言い分	A	B	C	D	E
A	2	1			
B		3		2	
C			4		3
D	4			3	
E			5		1
結論	4	1	5	2	3

QP2　下のようにする。

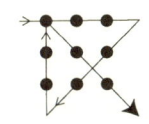

QP3　上の段から順に
$1+4+9+16+25=55$　　55個

QP4　不足数　10，14　　　（参考）完全数を求める公式
　　　完全数　28，496　　　　$f(p)=2^{p-1}(2^p-1)$　（pは素数）
　　　過剰数　24，36　　　　フェルマーの定理から求める

QP5　横書きの本なので
虫は右のようにたべた。9 cm
（ふつうに考えた19 cmではない）

11　5　11

QP6　ディオファントスがx歳で死んだとすると，
$\frac{1}{6}x+\frac{1}{12}x+\frac{1}{7}x+5+\frac{1}{2}x+4=x$
　　これより　$x=84$　　　　84歳

QP7　表面積も体積も　　球：円柱＝2：3

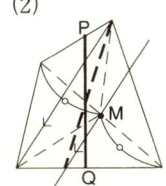

QP8　(1)　　　　　　　(2)

点Mは底辺の中点

------は四角形の二等分線
あとは(1)と同じ方法でPから二等分線PQを引けばよい。

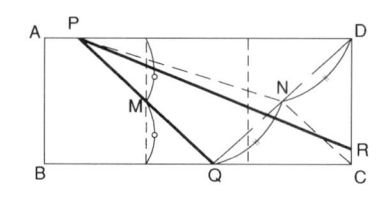

まず長方形 ABCD を三等分（点線）する。以下図のようにして作図し，PQ, PR を得る。

QP9　点 A から川に垂直に，川幅分 AA′ をとり，A′, B を結び，川のふちとの交点を Q，Q から川に対して垂直に立てた P による PQ を橋とすると APQB が最短距離になる。(川幅 0 で考える方法もある)

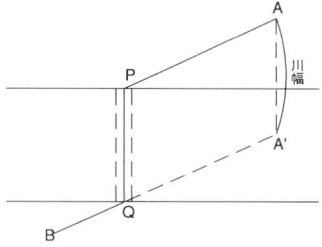

QP10　一番下から $1+\frac{1}{1}=2$，つぎは $1+\frac{1}{2}=\frac{3}{2}$，$1+\frac{2}{3}=\frac{5}{3}$，$1+\frac{3}{5}=\frac{8}{5}$，$1+\frac{5}{8}=\frac{13}{8}$，$1+\frac{8}{13}=\frac{21}{13}$　よって 1.615 ……
（この値は黄金比）

QP11　点線で切り，これをズラして線分を合わすと 5 本にふえる。

QP12　これをいったエピメニデスもクレタ人なので，この言葉は嘘である。
となると，クレタ人はみな正直ということになるが，すると正直な人がいった言葉なのでクレタ人はみな嘘つき，となる。この論法は永久に続く。(これが「循環論法」の最初といわれている)

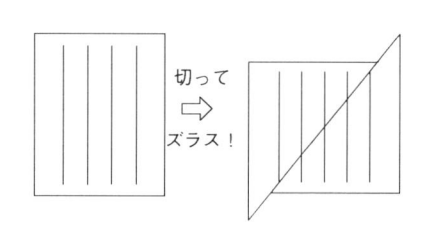

QP13　$a=b+c$ とおいたことは，$a-b-c=0$ ということなので，両辺を $(a-b-c)$ でわることは 0 でわることになり，これは計算のルール違反である。

QP14　B，D を入れかえたことで，長方形の高さが小さくなり，面積が減る。

解　答

第7章　アラビアの壺（P.76）

QP1　①ユダヤ教以来，500年ごとに新宗教が誕生している。
　　　②教団の印が一筆描きの図形になっている。

QP2　右のようにして求めると無限の組がつくれる。

m, nの値＼3辺	$m=4$ $n=1$	$m=4$ $n=3$	$m=5$ $n=2$
m^2+n^2	17	25	29
m^2-n^2	15	7	21
$2mn$	8	24	20

QP3　①小　　②分
　　　③左　　④右
　　　⑤電子　⑥針

QP4　デジタル式　煙の上る回数で知らせる
　　　アナログ式　煙の上る量で知らせる

QP5　1～3桁の数をAとすると，
$A \times 7 \times 11 \times 13 = A \times 1001 = \mathbf{1000A+A}$
となり，3桁の数までは数がダブることなく，相手の考えた数がわかる。

（例）365のとき，1001倍すると
365365
となる。

QP6　1g，2g，4g，8g，16g（2進数の数）の5種類でよい。
　　　上皿天秤では両方にのせられるので，もっと少なくてすむ。

QP7　（円柱）:（立方体）:（球）:（円錐）= 21:12:8:7。
　　　1つずつ円柱と円錐。

QP8　方程式　$3x-7=5$
　　　　　定数項7を移項する
　　　　　　　$3x=5+7$
　　　　　計算する
　　　　　　　$3x=12$
　　　　　両辺を3でわる
　　　　　∴　$x=4$

QP9　右の図のようにすればよい。

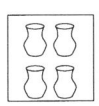

QP10 900円×3 と 200円とは関係ないものなので加えるのがおかしい。
2500円＋200円＋300円＝3000円とする。

QP11 いま最小の数を x とすると，この4つの数は
x, $x+1$, $x+6$, $x+7$ になり，これらの和から
$4x+14=278$ ∴ $x=66$ これより4数は
<u>66, 67, 72, 73</u>

QP12 ヒントから，下のような公式がつくられる。

枚数	1	2	3	4	……	n	…
回数	1	3	7	15	……		
ルール	2^1-1	2^2-1	2^3-1	2^4-1	……	2^n-1	…

$n=64$ を計算すればよい。
18,446,744,073,709,551,615
これをお坊さんが1秒間に1枚移すとし，1刻も休まずに移動しつづけるとして，約6千億年の年数がかかる。

第8章　イタリアのトランプ（P.86）

QP1 「存在する」のと「しない」との〝確からしさ〟が等しくないので，$\frac{1}{2}$ ではない。

QP2 （表裏）では（裏表）があり，全ての場合の数は4通りなので，確率は $\frac{1}{4}$

QP3 15人全部イスラム教徒が船からとび降りることになる。

QP4 右のようにする。　　(1) 5×5　　(2) 6×6

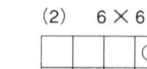

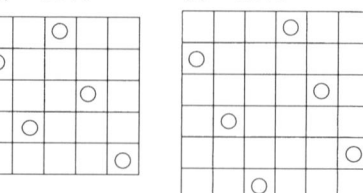

解　答

QP5　　$1 + 2 + 3 + 5 + 8 + \cdots + 89 + 144 + 233 = 608$
　　　　1月　2月　3月　4月　5月　…　10月　11月　12月

　　　　　　　　　　　　　　　　　　　　　　　　608 対

QP6　2801ではなく，セント・イブスに行ったのは1人。他はすれちがっただけ。（ヒッカケ問題）

QP7　
(1)　853 …… 7
　　　706 …… 4
　　 +249 …… 6
　　　1808　17
　　　　　　1+7
　　正しい　8

(2)　　628 …… 7
　　 －132 …… 6
　　　496　　1
　　正しい　1

(3)　　453 …… 3
　　 × 26 …… 8
　　　2718　24
　　　906
　　　11778
　　正しい　6

(4)　　57 …… 3
　　 43)2451 …… 3
　　　　215
　　　　301
　　　　301
　　　　　0
　　　　　　　$7 \times 3 = 21$
　　正しい　3

QP8　年齢2桁の末位はこの計算で求め，10の位は，顔をみてきめる。
少し雑な年齢当てである。
基数の9乗の末位のルールは，その末位はすべてもとの基数。
　（例）　$4^9 = 262144$
　　　　　$9^9 = 387420489$

QP9　0.99999…… ≒ 1 としてもよいが，「……」は"極限"を示すものなので，=を用いても正しい。

QP10　点PのOX，OYに関する対称点を P_1, P_2 とすると，P_1, P_2 を結ぶ線分とOX，OYとの交点をQ，Rとすると，それが求めるものである。
最短の理由は任意のS，Tとしたとき，$P_1P_2 < P_1S + ST + TP_2$ で P_1P_2 は直線で最短だから。

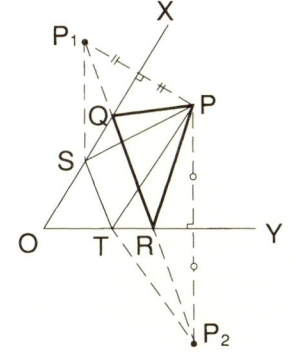

QP11 各6種類は，それぞれ〝確からしさ〟 　　　（例）
　　　が異なるからで，(1, 2, 6) は右のよ　　　(1, 2, 6) の場合の数
　　　うに6種類に対し (1, 4, 4) は3種類，　　(1, 2, 6)
　　　(3, 3, 3) は1種類である。　　　　　　　(1, 6, 2)
　　　こうして数えあげていくと，　　　　　　(2, 1, 6)
　　　目の和が9は25種類　　　　　　　　　　(2, 6, 1)
　　　目の和が10は27種類　　　　　　　　　 (6, 1, 2)
　　　という差があるので，目の出方が違う。 (6, 2, 1)

QP12 「年末くじ」の期待値を計算すると，
　　　$10万円 \times \frac{20}{11120} + 1万円 \times \frac{100}{11120} + 1000円 \times \frac{1000}{11120} + 100円$
　　　$\times \frac{10000}{11120} \fallingdotseq 449.7$
　　　よって金券の方が得。　　（注）（総額）÷（総くじ本数）でもよい。

第9章　イギリスの石（P.96）

QP1　下のようにする。3回でできる。（別解あり）

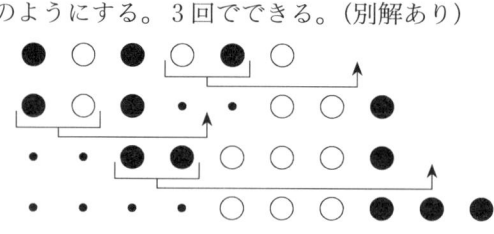

QP2　$\sqrt{9}+\sqrt{9}-(9\div 9)=5$　　　　$(9\div 9)\times 9-.\dot{9}=8$
　　　$\sqrt{9}+\sqrt{9}\times(9\div 9)=6$　　　$(9\div\sqrt{9})\times(9\div\sqrt{9})=9$
　　　$\sqrt{9}+\sqrt{9}+(9\div 9)=7$　　　　$(9\div 9)\times 9+.\dot{9}=10$
　　　（鍵）　$\sqrt{9}=3,\ \sqrt{9}\,!=3!=3\times 2\times 1=6,\ .\dot{9}=0.999\cdots=1$

QP3　$(4+4+4)\div 4\quad =3$　　　$4+4-(4\div 4)\quad =7$
　　　$\sqrt{4}+\sqrt{4}\times(4\div 4)=4$　　$4+4\times(4\div 4)\quad =8$
　　　$\sqrt{4}+\sqrt{4}+(4\div 4)=5$　　　$4+4+(4\div 4)\quad =9$
　　　$\sqrt{4}+\sqrt{4}+(4\div\sqrt{4})=6$　$4+4+4\div\sqrt{4}\quad =10$

解　答

QP4 $\dfrac{7+7+7+7}{7}+7-7=4$　　$7+\dfrac{777}{777}=8$

$\dfrac{7+7+7+7}{7}+\dfrac{7}{7}=5$　　$7+\dfrac{7}{7}+\dfrac{77}{77}=9$

$\dfrac{7+7+7+7+7+7}{7}=6$　　$7+\dfrac{7}{7}+\dfrac{7}{7}+\dfrac{7}{7}=10$

$7+777-777=7$

QP5　(1)　1996　　(2)　114　　(3)　1289
　　　　　×　47　　　×697　　　×　47

あと各自で考えよ。（上を計算していけば解ける）

QP6　(1)　73　　(2)　62　　(3)　不可能　　(4)　22
　　　　＋86　　　＋62　　　　　　　　　　×73
　　　　159　　　124　　　　　　　　　　　66
　　　　　　　　　　　　　　　　　　　　　154
　　　　　　　　　　　　　　　　　　　　1606

QP7　(1)　$41^2=1681$ で 691 にならない。

　　　　　また，$51^2=2601$ で 522 とはならない。

　　　(2)　$5^3=125$，$5^2+6^2=61$ で成り立たない。

　　　　　また，$5^4=625$，$7^2+8^2=113$ でこれもダメ。

　　　　どちらも"一般"にまで拡張できない。

QP8　数表から部分の数は 56。
右のようにして数えて
もよい。

本数	部分	ふえ方
①	2	
②	4	2
③	7	3
④	11	4
⑤	16	5
⑥	22	6
⑦	29	7

QP9　一見，点の数 n に対し
2^{n-1} が部分の数，とい
うルールがありそうだが，点 6 のと
き 32 でなく 31。点 7 のとき 57。
（参考）これの公式は

$$S=\dfrac{1}{24}n(n-1)(n^2-5n+18)+1 \text{ より}$$

$$S=\dfrac{1}{24}(n^4-6n^3+23n^2-18n+24)$$

QP10 $f(m)=m(m+1)+11$ とすると，$m=10$, $m=11$, $m=21$, $m=22$ などのとき素数にならないので，素数の式とはいえない。

QP11 ていねいに証明すると数ページ必要になるので簡略する。
AB，AC の延長上に
BD=CE（定理2）をとる。
△ADC≡△AEB（定理4）
よって ∠D=∠E，DC=EB
△BDC≡△CEB（定理4）
よって ∠DBC=∠ECB
これより ∠ABC=∠ACB

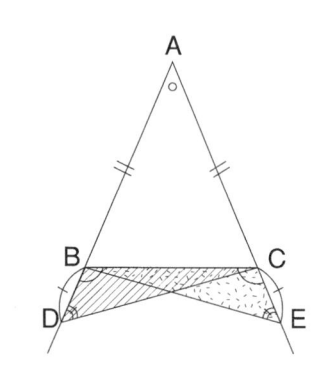

第10章 ドイツの森（P.106）

QP1 (1) 移動硬貨の半回転と，固定の方の半円周とでちょうど1回転して反対側では正常の位置になる。
(2) 外（エピ）サイクロイドという曲線
(3) 基本のサイクロイド

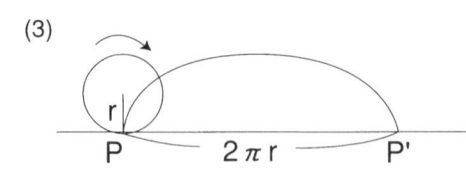

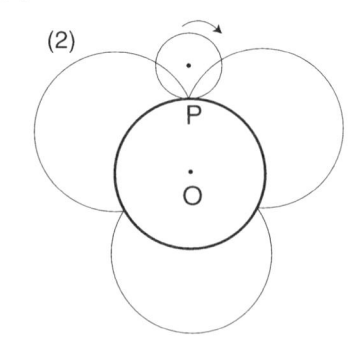

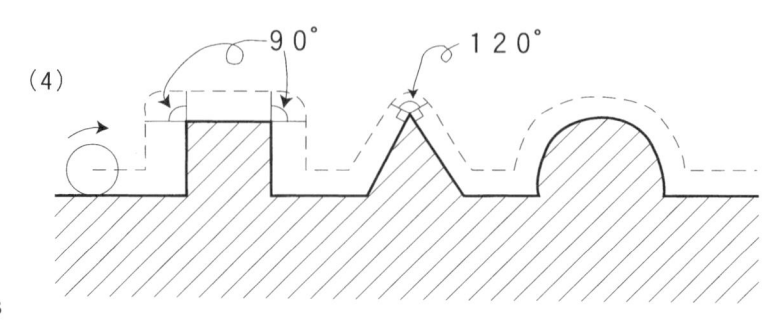

QP2 右のように，工夫でどんどん面積が小さくなる。

1円　0.785 m²

QP3 いま地球の半径を r とすると，
$2\pi(r+3)-2\pi r=6\pi$
これより $6\times 3.14=18.84$
約 19 m あればよい。
(参考) この問題では半径の大きさに関係しない。

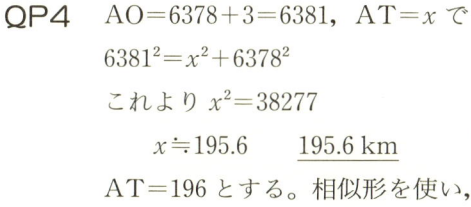

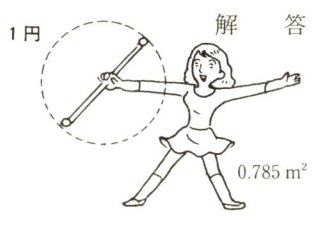

2 ルーローの三角形　0.704m²

3 正三角形　0.577m²

QP4 $AO=6378+3=6381$, $AT=x$ で
$6381^2=x^2+6378^2$
これより $x^2=38277$
　$x\doteqdot 195.6$　195.6 km
$AT=196$ とする。相似形を使い，
　$PT\doteqdot 195.9$　195.9 km

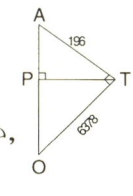

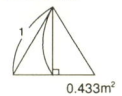

4 正三角形　0.433m²

QP5 人工衛星の発射の初速度である。
0.005 km は重力

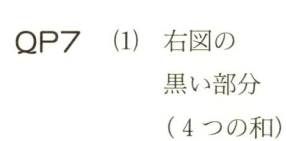

5 エンサイクロ　0.3925m²（円の半分）

QP6 A の並べ方では 40 個
B のような交互では
$5+4+5+4+5+4+5+4+5=41$ となり，1 個余分に入れられる。

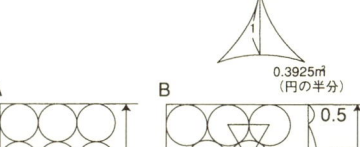

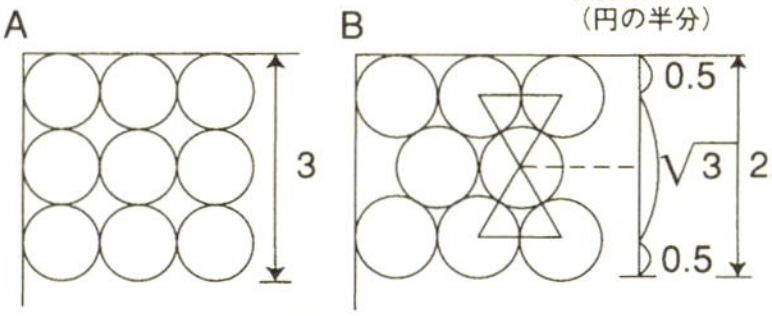

3段で約0.3cm差がでる。

QP7 (1) 右図の黒い部分（4つの和）

(理由) 2つは等しい

(2) いも形の面積は
$\dfrac{1}{4}\pi r^2\times 2 - r^2 = \left(\dfrac{\pi}{2}-1\right)r^2$
求める面積は
(いも形×2) − (☒の面積) なので

$$2\left(\frac{\pi}{2}-1\right)r^2-\left(-3+\sqrt{3}+\frac{2}{3}\pi\right)r^2$$
$$=\left(\pi-2+3\sqrt{3}-\frac{2}{3}\pi\right)r^2$$
$$=\left(\frac{1}{3}\pi-\sqrt{3}+1\right)r^2$$

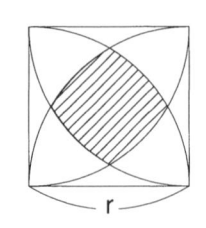

QP8 （作図）点Pを通り，ABに垂線PO′を立て，PO′＝AOとする。ここで，O′を中心AOを半径とする円を描き，円Oとの交点をQ，Rとするとき，QRが求める折り目となる。

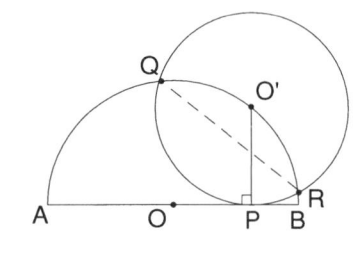

QP9 どこまで，この波線を小さくしていっても，決して，直径と一致することはない。目に見えない波線が続く。

QP10 一般に同一条件での多数，多量のものの分布は，正規分布曲線（つり鐘型）に近いものである。このグラフをみると，左側が無いのが不自然で，これはパン屋が相変らず規定より軽いものをつくり続けていた（それは別の人に売った）ことがわかる。

QP11 単位の異なるものについて，同時に平方根をとってはいけない。

QP12 AB間の距離を x km とすると，平均の速さは
$$\frac{全距離}{全使用時間}=\frac{2x}{\frac{x}{40}+\frac{x}{60}}=\frac{2x}{\frac{5}{120}x}=48$$
<u>48 km/時</u>

第11章 フランスの城（P.116）

QP1 右のようにする。

QP2 コンパスだけで，円周上に正方形となる4点を作図することになる。
　まず点Oを中心とする半径 r の円をかき周上の1点をAとする。

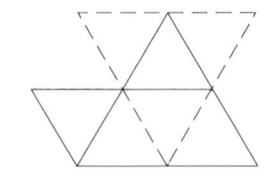

解　答

半径 r で，点Aから順に点B，C，D，E，Fを円周上にとる。Aを中心，半径ACの円と，Dを中心，半径DBの円の交点をPとする。Aを中心，半径OPの円と交わる点をM，Nとすると，A，M，D，Nが求める4点である。

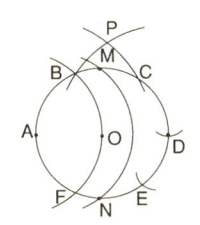

QP3 右のように小切片を組めばよい。

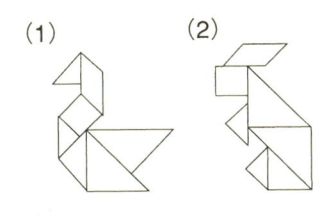

QP4 (1) $\frac{1}{7}=0.\dot{1}4285\dot{7}$

6つの数字の循環小数である。

(2) ① $15873\times 7=111111$
② $12345679\times 63=12345679\times 9\times 7=777777777$

QP5 各図に対称軸を入れると，1，2，3，4となり，□には ⊥(5)，◎(8)が入る。

QP6 (1) (2) (3)

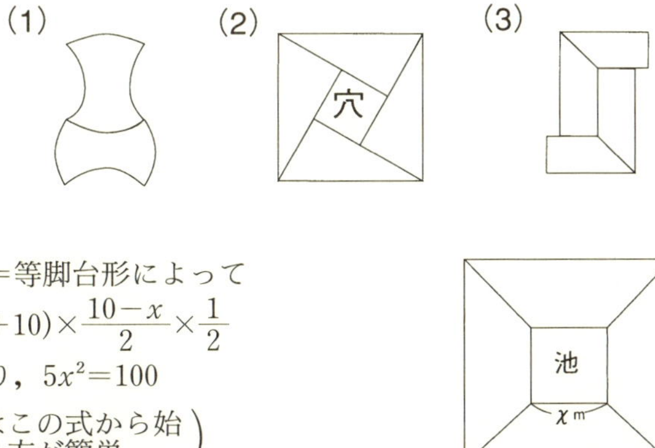

QP7 正方形＝等脚台形によって
$x^2=(x+10)\times\dfrac{10-x}{2}\times\dfrac{1}{2}$
これより，$5x^2=100$
（実はこの式から始める方が簡単）
$x^2=20$
∴ $x=2\sqrt{5}$ （負はとらない）

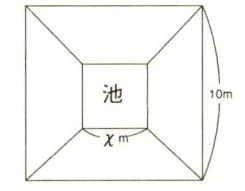

QP8 A，Cの面積 $=\dfrac{25\pi}{2}+\dfrac{225\pi}{2}-\dfrac{100\pi}{2}=75\pi$，

$$B の面積 = \left(\frac{100\pi}{2} - \frac{25\pi}{2}\right) \times 2 = 75\pi$$

より $A : B : C = 1 : 1 : 1$

QP9 正方形と4つの三日月の和と面積は等しい。<u>100 cm²</u>

QP10 (3)が正解（二項分布に近い）

QP11 (1), (2)とも空間の部分が入ったのでふえた形になる。

QP12 $\frac{1}{3} + \frac{2}{5}$ ではなく正しくは $\frac{1+2}{3+5} = \frac{3}{8}$

QP13 (1) 持ち出せる。

(2) 会えない。

A, Bを直線で結びフチとの交点を数えると9個（奇数）なので2人は別コースである。

QP14 右のように5本のひもと考えれば、結果が別々になるのが当然。

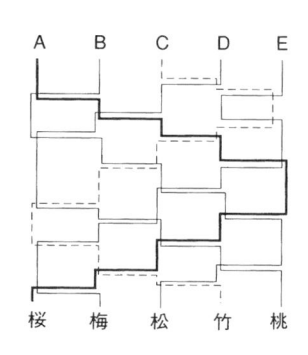

第12章 ロシアの雪（P.126）

QP1 (1) 3番目の人は、残り3弾で、そのうち1弾空砲だから、空砲に当たる確率は $\frac{1}{3}$

(2) 小さい方から値段は、

500円, 500円×1.2＝600円　　600円×1.2＝720円

720円×1.2＝864円　　864円×1.2＝1036.8円

合計金額は3720円

QP2 相手が最後に書くとき、先手が17ならば、相手の書いた数に対して先手は右のように対応すればよい。

$\begin{cases} 相手1 \to 先手3 \\ 相手2 \to 先手2 \\ 相手3 \to 先手1 \end{cases}$

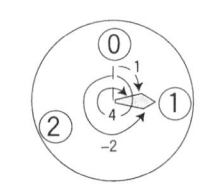

この考えを前へ前へともっていく。

QP3 取り方を右の図で示すと、「1個か4個とる、あるいは場へ2個もどす」は、みな1個とるのと同じである。

そこで20÷3＝6余り2だから2番目の人

解　答

QP4　が必ず勝てる。
　　　整理すると右の表のようになる。

	①どこからでもよい	②ある点から	③絶対だめ
動物	B	C	A
乗物	D	E	F
食物	H	I	G

QP5　下の図。
　　　形は変えても接続点は変えないこと。

QP6　長さ，大きさ，方向など量的なものは不正確であるが，位置やつながりなど質的なものは不変なので，それだけが主のときは，簡略図の方が便利である。

QP7　$560^{万個} \times \dfrac{1}{1000} = 5600^{個}$　　不良部品の可能性は <u>5600個</u>

QP8　いいきれない。混乱しないため3個の○には$○_1$, $○_2$, $○_3$。2個の■には$■_1$, $■_2$という区別をする。

$(○_1○_1)$
$(○_1○_2)$　$(○_2○_1)$
$(○_1○_3)$　$(○_2○_2)$　$(○_3○_1)$
$(○_1■_1)$　$(○_2○_3)$　$(○_3○_2)$　$(■_1○_1)$
$(○_1■_2)$　$(○_2■_1)$　$(○_3○_3)$　$(■_1○_2)$　$(■_2○_1)$
$(○_1△)$　$(○_2■_2)$　$(○_3■_1)$　$(■_1○_3)$　$(■_2○_2)$　$(△○_1)$
　　　　　$(○_2△)$　$(○_3■_2)$　$(■_1■_1)$　$(■_2○_3)$　$(△○_2)$
　　　　　　　　　$(○_3△)$　$(■_1■_2)$　$(■_2■_1)$　$(△○_3)$
　　　　　　　　　　　　　$(■_1△)$　$(■_2■_2)$　$(△■_1)$
　　　　　　　　　　　　　　　　　$(■_2△)$　$(△■_2)$
　　　　　　　　　　　　　　　　　　　　　$(△△)$

左の表より

(○○)　　　　　　　9組
(○■) と (■○)　　12組
(○△) と (△○)　　6組
(■△) と (△■)　　4組
(■■)　　　　　　　4組
(△△)　　　　　　　1組

これから（○■）（逆も含む）の出る場合が最も多いことがわかる。

QP9 　(3)の確率 $\frac{1}{4}$ が正解

QP10 　計算上はあり得るが，コインが正確にできているものなら，一方だけ出つづけることは理論上ない。

第13章　アメリカの草原（P.136）

QP1 　下のようであり，☆印がさかさにしても同じ数字のもの。

QP2 　右の表から

```
  1 0 1 0          1 0
+   1 1 1   ⟹   +   7
─────────        ──────
  1 0 0 0 1        1 7
```

QP3 　2進法では 11010

10進法では $2^4+2^3+2=26$

　　　<u>26番</u>

QP4 　順不同のカードをまとめ，左の穴から順に棒を押して，落ちたカードをあとへ，あとへとやっていくと，自然に順番通りに整理される。

QP5 　カードは順に，右の表の2進数で
A は 2^0 の位が1のものだけ ⎫
B は 2^1 の位が1のものだけ ⎬ を表にまとめた。
 ………………………　　　　 ⎭
E は 2^4 の位が1のものだけ

つまり，A は1，B は2，C は4，D は8，E は16という数で計算するとよい。

参考

10進数	2進数
$1(2^0)$	1
$2(2^1)$	1 0
3	1 1
$4(2^2)$	1 0 0
5	1 0 1
6	1 1 0
7	1 1 1
$8(2^3)$	1 0 0 0
9	1 0 0 1
10	1 0 1 0
11	1 0 1 1
12	1 1 0 0
13	1 1 0 1
14	1 1 1 0
15	1 1 1 1
$16(2^4)$	1 0 0 0 0

位　$2^4\ 2^3\ 2^2\ 2^1\ 2^0$

解 答

QP6 並べかえたときできる長方形の対角線部分が折れ線となり，そこにスキ間が 1 cm² できている。

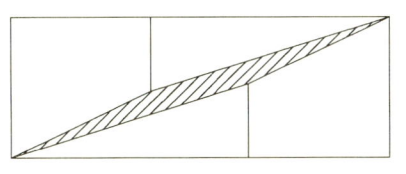

QP7 表は右のようになり，私は自白した方が得。

		相手	
		黙秘	自白
私	黙秘	2年	5年
	自白	1年	3年

QP8 比率はどちらも $\frac{1}{5}$ であるが，本数の多い方に行ったほうが早い。

QP9 A, B それぞれ x, y g とすると

$$\begin{cases} 3x+2y \geq 60 \cdots\cdots ① \\ 0.2x+0.3y \geq 6 \cdots\cdots ② \\ x+y = k \end{cases}$$

$x+y=k$ の平行移動で黒い部分とふれる最高の点 (12, 12)

① より $y \geq -\frac{3}{2}x + 30$

② より $y \geq -\frac{2}{3}x + 20$

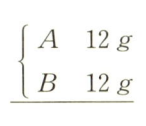

$\begin{cases} A & 12\ g \\ B & 12\ g \end{cases}$

これらを右のグラフにかく。

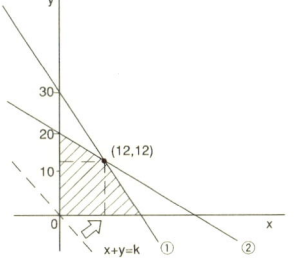

QP10 A, B それぞれ x, y kg とすると

$$\begin{cases} 2x+3y \leq 12 \cdots\cdots ① \\ 2x+y \leq 8 \cdots\cdots ② \\ 5x+3y = k \end{cases}$$

① より $y \leq -\frac{2}{3}x + 4$

② より $y \leq -2x + 8$

これらをグラフにかく。

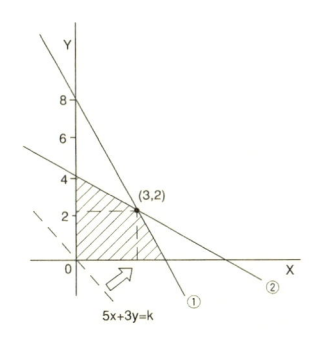

$5x+3y=k$ の平行移動から

(3, 2) のとき最大

A 3 kg, B 2 kg のとき最大値

<u>21 万円</u>

QP11　3種類なので順序は6通りある。右の①〜③はその例。仕分に時間のかかる鉄を前にもってきたほうがよい。

　　　鉄→ガラス→陶器

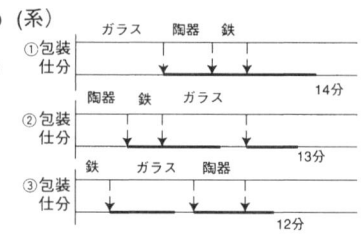

(系)
① 包装仕分　ガラス　陶器　鉄　　14分
② 包装仕分　陶器　鉄　ガラス　　13分
③ 包装仕分　鉄　ガラス　陶器　　12分

第14章　メソアメリカの暦（P.146）

QP1　(1)　20)86
　　　　　　　4 …… 6
　　　　　　4○6 より
　　　　　　● ● ● ●
　　　　　　―――

(2)　20)691
　　　20) 34 …… 11
　　　　　　1 …… 14
　　　　1○14○11 より
　　　　　　●
　　　　　● ● ● ●
　　　　　＝＝＝
　　　　　● ●

(3)　20)2507
　　　20) 125 …… 7
　　　　　　6 …… 5
　　　　6○5○7 より
　　　　　　●
　　　　　―――
　　　　　● ●

QP2　絵は順に，2，1，3

QP3　0を表わす式　　$3+(-3)$, $0 \div 4$, 0^2, $\sin \pi$ など
　　　1を表わす式　　$10 \div 10$, $\sqrt{1}$, $0!$, 1^3, $-i^2$ など

QP4　(1)　$(2^2+4^2+6^2+8^2+10^2+12^2)+1$
　　　(2)　$(1^2+3^2+5^2+7^2+9^2+11^2+13^2)-90$
　　　(3)　トランプ（ジョーカーを1とする）
　　　　　　91×4 (種) $+1$

QP5　見取図は右の図
　　　円柱を上底の直径から下底の1点に向けて左右に切る。

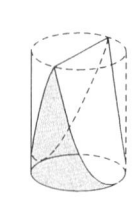

QP6

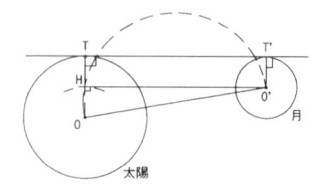

QP7 (図)

解　答

QP7　OO′を直径とする円を描き，Oを中心，半径が2円の半径の差とする円との交点をHとし，OHの延長と円Oとの交点をTとする。
　　　点Tから引いたHO′に平行な線と円O′の交点をT′とするとTT′は2円の共通外接である。(前ページ図)

QP8　260と365との最小公倍数になる。
　　　これを求めると右の計算から52年となる。

$5 \,)\, \underline{260 \quad\quad 365}$
　　　$52 \quad\quad 73$

$\dfrac{5 \times 52 \times 73}{365} = 52$

QP9　8 パクトゥン　　1,152,000 日
　　　14 カトゥン　　　 100,800
　　　 3 トゥン　　　　　 1,080
　　　 1 ウイナル　　　　　 20
　　　12 キン　　　　　　　 12
　　　　　　　　　　　1,253,912　　　1,253,912 日

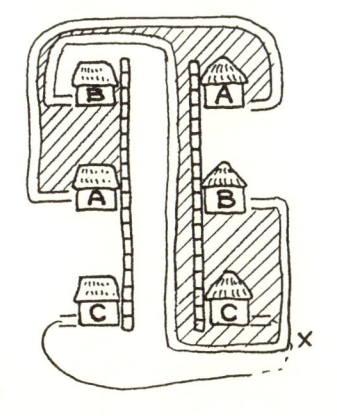

QP10　どんな複雑な図も4色で塗り分けられる。

QP11　(1)　Aは外部にいる。
　　　(2)　Bは内部なのでAとは異なる側である。
　　　　　吹きふくらませると下のようになる。

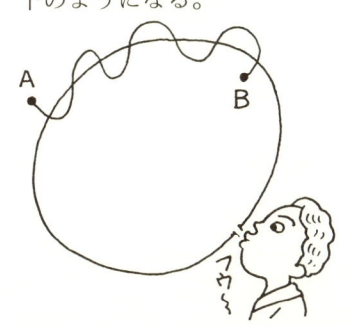

QP12　右図のように，Cは斜線部分の内部と外部にあるので，道がつくれない。
　　　(同様に，Cの道を先につくった場合は，Bの道がつくれなくなる。)

第15章　日本の道（P.156）

QP1　A には懸売帳（かけ）, ソロバン, その他資料
　　　B には子ども向けのおみやげ（紙風船など）

QP2　$1+2+\cdots\cdots +7+8=36$
　　　43.2 匁 $\div 36=1.2$ 匁　　最小鍋の値段
　　　これより小大の順に, 1.2 匁, 2.4 匁, 3.6 匁,
　　　4.8 匁, 6 匁, 7.2 匁, 8.4 匁, 9.6 匁

QP3　$12+3+4+5-6-7+89\ =100$
　　　$1+23-4+56+7+8+9\ =100$
　　　$1+2+3-4+5+6+78+9=100$

QP4

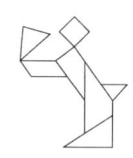

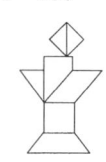

QP5　紫式部の作であることがあきらかな前半44帖について文章の癖, つまり"文紋"をコンピュータではじき出し, 次に後半10帖の"文紋"を出して比較する。
　　　その結果両者に相異がみとめられたという。

QP6　全部の継子（●印）がいなくなり, 実子（○印）だけとなる。そこで（続）のようにすると, 残り実子がすべてなくなり, ★印の継子が残り, メデタシ, メデタシとなる話。

QP7　右のような方法がある。
　　　他の方法も工夫せよ。

QP8　枡を斜めや横にするなどの方法で, 次の量が測れる。
　　　100, 300, 600, 1000 cc。
　　　さらに組み合わせていくと,
　　　200, 400, 500, 700, 900 cc も測れる。

> （注）数学記号の入子
> $\sqrt{\sqrt{\sqrt{81}}}=\sqrt{3}$
> $(((3!)!)!)=720!$
> など

回＼枡	1斗	7升	3升
1	3	7	0
2	3	4	3
3	6	4	0
4	6	1	3
5	9	1	0
6	9	0	1
7	2	7	1
8	2	5	3
9	5	5	0

解　答

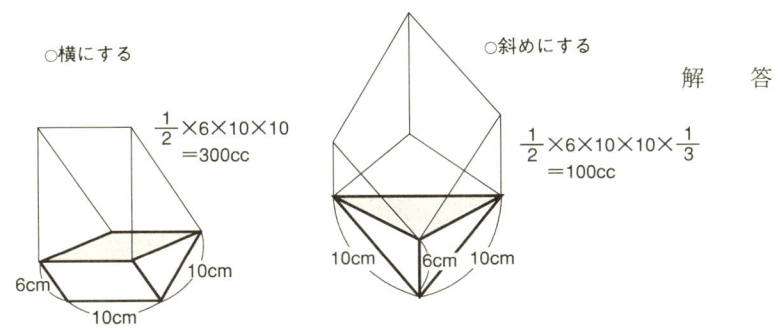

○横にする
$\frac{1}{2}\times 6\times 10\times 10 = 300$cc

○斜めにする
$\frac{1}{2}\times 6\times 10\times 10\times \frac{1}{3} = 100$cc

QP9　断面図で考え，わかっている長さを記入していくと，直角三角形ABHで，AB=10，BH=6より三平方の定理からAH=8が得られる。これより
$2+5+8+5=20$

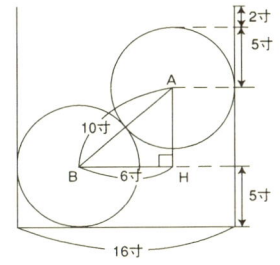

　　　　　　　　　　円柱の高さは20寸

QP10　『算額』の改題の「2等分にする問題」を解くことにする。

この円錐の高さを計算すると，右の図と相似比から18尺であることがわかる。

円錐台を2等分できたとし，その切断面の半径をx尺とすると，
$x:h=6:18$ より $h=3x$
$x^3\pi=112\pi$ より $x^3=112$
$\therefore\ x=2\sqrt[3]{14}\fallingdotseq 4.8$

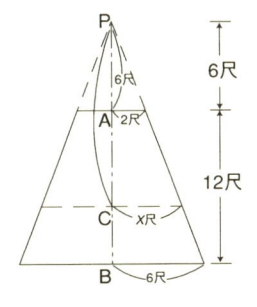

よって $18-3\times 4.8 = 3.6$　　　　　約3.6尺

QP11　(1)　Dが一番おそく着き，12時78分つまり，1時18分なので，1時36分発（5番目）列車に乗ることになる。

(2)　両端はCとDになり，
　　C・B・A・D　または　D・A・B・C

(3)　②，③では合計が12人をこすので成り立たない。つまり，①，④が正しいのでDが正解。

著者紹介

仲田紀夫

1925年東京に生まれる。
東京高等師範学校数学科，東京教育大学教育学科卒業。(いずれも現在筑波大学)
（元）東京大学教育学部附属中学・高校教諭，東京大学・筑波大学・電気通信大学各講師。
（前）埼玉大学教育学部教授，埼玉大学附属中学校校長。
（現）『社会数学』学者，数学旅行作家として活躍。「日本数学教育学会」名誉会員。
「日本数学教育学会」会誌（11年間），学研「会報」，JTB広報誌などに旅行記を連載。

NHK教育テレビ「中学生の数学」（25年間），NHK総合テレビ「どんなモンダイQてれび」（1年半），「ひるのプレゼント」（1週間），文化放送ラジオ「数学ジョッキー」（半年間），NHK『ラジオ談話室』（5日間），『ラジオ深夜便』「こころの時代」（2回）などに出演。1988年中国・北京で講演，2005年ギリシア・アテネの私立中学校で授業する。2007年テレビBSジャパン『藤原紀香，インドへ』で共演。

主な著書：『おもしろい確率』（日本実業出版社），『人間社会と数学』Ⅰ・Ⅱ（法政大学出版局），正・続『数学物語』（NHK出版），『数学トリック』『無限の不思議』『マンガおはなし数学史』『算数パズル「出しっこ問題」』（講談社），『ひらめきパズル』上・下『数学ロマン紀行』1～3（日科技連），『数学のドレミファ』1～10『世界数学遺産ミステリー』1～5『おもしろ社会数学』1～5『パズルで学ぶ21世紀の常識数学』1～3『授業で教えて欲しかった数学』1～5『ボケ防止と"知的能力向上"！ 数学快楽パズル』『若い先生に伝える仲田紀夫の算数・数学授業術』『クルーズで数学しよう』（黎明書房），『数学ルーツ探訪シリーズ』全8巻（東宛社），『頭がやわらかくなる数学歳時記』『読むだけで頭がよくなる数のパズル』（三笠書房）他。
上記の内，40冊余が韓国，台湾，香港，フランス，タイなどで翻訳。

趣味は剣道（7段），弓道（2段），草月流華道（1級師範），尺八道（都山流・明暗流），墨絵。

道志洋博士の世界数学クイズ＆パズル＆パラドクス

2008年6月25日　初版発行

著　者	仲　田　紀　夫
発行者	武　馬　久仁裕
印　刷	大阪書籍印刷株式会社
製　本	大阪書籍印刷株式会社

発　行　所　　株式会社　黎明書房

〒460-0002 名古屋市中区丸の内3-6-27 EBSビル ☎052-962-3045
　　　　　FAX052-951-9065　振替・00880-1-59001
〒101-0051 東京連絡所・千代田区神田神保町1-32-2
　　　　　南部ビル302号　☎03-3268-3470

落丁本・乱丁本はお取替します。　　ISBN978-4-654-08217-9
ⒸN. Nakada 2008, Printed in Japan

仲田紀夫著
授業で教えて欲しかった数学（全5巻）
学校で習わなかった面白くて役立つ数学を満載！

A5・168頁　1800円
① 恥ずかしくて聞けない数学64の疑問
疑問の64（無視）は，後悔のもと！　日ごろ大人も子どもも不思議に思いながら聞けないでいる数学上の疑問に道志洋（どうしよう）数学博士が明快に答える。

A5・168頁　1800円
② パズルで磨く数学センス65の底力
65（無意）味な勉強は，もうやめよう！　天気予報，降水確率，選挙の出口調査，誤差，一筆描きなどを例に数学センスの働かせ方を楽しく語る65話。

A5・172頁　1800円
③ 思わず教えたくなる数学66の神秘
66（ムム）！おぬし数学ができるな！　「8が抜けたら一色になる12345679×9」「定木，コンパスで一次方程式を解く」など，神秘に満ちた数学の世界に案内。

A5・168頁　1800円
④ 意外に役立つ数学67の発見
もう「学ぶ67（ムナ）しさ」がなくなる！　数学を日常生活，社会生活に役立たせるための着眼点を，道志洋数学博士が伝授。意外に役立つ図形と証明の話／他

A5・167頁　1800円
⑤ 本当は学校で学びたかった数学68の発想
68ミ（無闇）にあわてず，ジックリ思索！　道志洋数学博士が，学校では学ぶことのない"柔軟な発想"の養成法を，数々の数学的な突飛な例を通して語る68話。

仲田紀夫著　　　　　　　　　　　　　　A5・159頁　1800円
若い先生に伝える仲田紀夫の算数・数学授業術
60年間の"良い授業"追求史　算数・数学を例に，"学校教育"の全てに共通な21の『授業術』を，痛快かつ愉快なエピソードを交えて楽しく語る。

表示価格は本体価格です。別途消費税がかかります。

仲田紀夫著
世界数学遺産ミステリー（全5巻）
数学探検家，三須照利(ミステリー)教授，装いも新たに颯爽登場！
＊「数学ミステリー」シリーズ改題。

A5・180頁　2000円
① マヤ・アステカ・インカ文化数学ミステリー
生贄と暦と記数法の謎　暦と天文観測，20進法と0，ピラミッドやナスカの地上絵などを，数学者の視点から解き明かす。『不思議の国の数学』改題。

A5・180頁　2000円
② イギリス・フランス数学ミステリー
円と直線の蜜月，古城の満月　ミステリー・サークルやストーン・ヘンジ，数々の古城など，英仏各地の数学ミステリーを探訪。『答えのない問題』改題。

A5・183頁　2000円
③ 中国四千年数学ミステリー
パラドクスとファジィ　中国古代の春秋戦国時代や三国時代に誕生し，発展した論理や詭弁，戦略や戦術などを三須照利(ミステリー)教授が探る。『白馬は馬ならず』改題。

A5・183頁　2000円
④ メルヘン街道数学ミステリー
帯と壺と橋とトポロジー　「メルヘン街道」からケーニヒスベルク，サンクト・ペテルブルクと，数学街道をたどるトポロジーへの旅。『裏・表のない紙』改題。

A5・182頁　2000円
⑤ 神が創った"数学"ミステリー
宗教と数学と　黄金比で建てられた神殿，サイクロイド(最速降下曲線)でできた寺の屋根……。数学を学ぶと神や宗教が見えてくる。『神が創った"数学"』改題。

仲田紀夫著　　　　　　　　　　　　　　　　　　A5・148頁　1800円
クルーズで数学しよう
港々に数楽あり　われらの道志洋(どうしよう)数学博士が，豪華クルーズ船に乗り込んで，世界の港々に立ち寄り，興味深い数学の話を紹介。エーゲ海の島々とアテネ／他。

表示価格は本体価格です。別途消費税がかかります。